Peter Baptist (Hrsg.)

Mathematatik Klasse 7/8

Lernen und Lehren mit dynamischen Arbeitsblättern

Das Handbuch zur CD-ROM

FRIEDRICH

Prof. Dr. Peter Baptist, geb. 1948, ist Diplom-Mathematiker, er hat außerdem das Staatsexamen in Mathematik und Physik. Promotion und Habilitation erfolgten an der Universität Würzburg. Er war Lehrer an einem Gymnasium und einer Gesamtschule. Seit fast 10 Jahren ist er Inhaber des Lehrstuhls für Mathematik und ihre Didaktik an der Universität Bayreuth. Hier entwickelt eine Arbeitsgruppe in ständiger Diskussion mit Lehrern die Mathematiksoftware GEONExT (http://geonext.de), die auch den vorliegenden Lernumgebungen zugrunde liegt.
Kontakt: Peter.Baptist@uni-bayreuth.de

Bibliographische Information der Deutschen Bibliothek
Die deutsche Bibliothek verzeichnet diese Publikation in der
Deutschen Nationalbibliographie; detaillierte bibliographische
Daten sind im Internet über http://dnb.ddb.de abrufbar.

Impressum

Peter Baptist (Hrsg.)
Mathematik Klasse 7/8
Lernen und Lehren mit dynamischen Arbeitsblättern
Das Handbuch zur CD-ROM

1. Auflage 2004

GEONExT wird an der Universität Bayreuth entwickelt.

Redaktion: Anne Hilgers
Layout/Titel: Gabriele Köbbemann, Friedrich Medien-Gestaltung
Druck: Jütte-Messedruck Leipzig GmbH
ISBN: 3-617-92354-2

VORWORT

„I do geometry and I understand mathematics."
Peter Hilton

Wir kennen die berechtigten Klagen vieler Lehrkräfte: Sowohl Aufnahmebereitschaft als auch Aufnahmefähigkeit vieler Schülerinnen und Schüler haben erheblich abgenommen. Das bei uns weit verbreitete darbietende Unterrichtskonzept sollten wir daher mehr und mehr in Frage stellen. Ein sinnvoller Mathematikunterricht legt nicht nur Wert auf das Vermitteln von Ergebnissen, sondern mindestens ebenso viel Wert auf das Entdecken von Eigenschaften und von Zusammenhängen. Damit bekommt die Schule die Gelegenheit, sich von einem Ort des Belehrens zu einem Ort des Lernens zu wandeln.

Wir müssen berücksichtigen, dass ein großer Teil unserer Schülerinnen und Schüler vorrangig anschauliche Lerner sind. Sie brauchen zum erfolgreichen Lernen die praktische Lerntätigkeit. Das Fach Geometrie und insbesondere der Einsatz dynamischer Arbeitsblätter bieten sich förmlich an. Denn hier sehen die Lernenden tatsächlich, was sie tun.

Der Mathematikunterricht selbst gewinnt an Substanz. Dem anschaulichen, gelenkten Entdecken folgt immer ein Begründen der Vermutungen. Die Motivation dazu ist aber erheblich größer, da es sich um das Verifizieren selbst gefundener Ergebnisse handelt.

INHALT

DYNAMISCHES ARBEITSBLATT ● ERGEBNISBLATT

Was sind dynamische Arbeitsblätter?

Dynamische Mathematiksoftware wie GEONExT eröffnet neue Wege des Lehrens und Lernens im Mathematikunterricht. Sie erlaubt unter anderem Visualisierungsmöglichkeiten, die mit traditionellen Konstruktionswerkzeugen nicht realisierbar sind. Durch einfaches Ziehen mit der Maus lassen sich geometrische Figuren kontinuierlich verändern, einzelne Punkte können bei derartigen Bewegungen Spuren (Ortskurven) auf der Zeichenfläche hinterlassen (s. Abb. rechts).

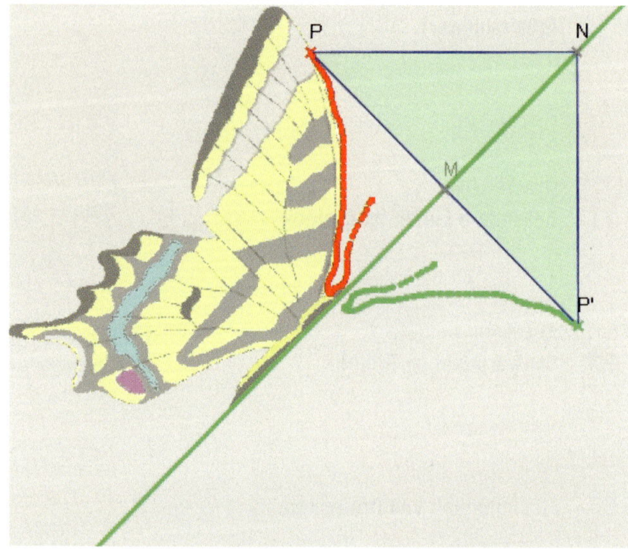

Dynamische Mathematik geht über die herkömmliche dynamische Geometrie aber noch hinaus: Ein integriertes Computeralgebrasystem schlägt eine Brücke zwischen Geometrie und Algebra. Es gestattet, Konstruktionen mittels Messungen und Berechnungen quantitativ auszuwerten. Punktkoordinaten lassen sich als Terme eingeben, Funktionsgraphen sind geometrische Objekte und können von anderen Objekten abhängig gemacht oder etwa mit Gleitern (d.h. mit Punkten, die nur auf den Graphen beweglich sind) versehen werden.

Sinnvolle und gut einsetzbare Unterrichtsmaterialien mit dynamischer Mathematik entstehen durch die Kombination der interaktiven Konstruktionen mit Arbeitsaufträgen oder erklärenden Erläuterungen. Die dynamische Mathematiksoftware GEONExT lässt sich dazu in HTML-Seiten integrieren. In Verbindung mit Text, Bildern, Links und anderen Web-Elementen entsteht eine neue Form von Unterrichtsmaterialien, so genannte dynamische Arbeitsblätter (s. Abb. S. 7).

Diese Arbeitsblätter sind plattformunabhängig am PC und im Schulnetzwerk (Netzwerklizenz) einsetzbar und werden mit dem jeweiligen Browser angezeigt.

Eine thematisch zusammenhängende Abfolge von dynamischen Arbeitsblättern bildet eine Lernumgebung.

Mit Hilfe dynamischer Arbeitsblätter sollen das Lehren und Lernen sowie das Verständnis für mathematische Zusammenhänge gefördert werden. Im Zentrum stehen also die mathematischen Inhalte. Aus diesem Grund sind die dynamischen Arbeitsblätter so konzipiert, dass weder (programmier-) technische Kenntnisse noch Vorerfahrungen im Umgang mit

Einsatz dynamischer Arbeitsblätter

Die dynamischen Arbeitsblätter eignen sich

- zum individuellen Erarbeiten der Lerninhalte,
- zum eigenständigen Wiederholen,
- zur Demonstration im traditionellen Unterricht,
- zur Förderung der fachlichen Kommunikation der Schüler und des kooperativen Lernens.

dynamischer Geometrie seitens des Lehrers oder der Schüler erforderlich sind. Das Arbeiten an den dynamischen Konfigurationen verläuft völlig intuitiv, es kann sofort damit begonnen werden.

Eigenverantwortliches Arbeiten

Lernen ist ein individueller Prozess, der von außen angeregt und beeinflusst werden kann. Die eigentlichen Lernprozesse laufen aber im Innern jedes Einzelnen ab, daher sind die Möglichkeiten der externen Steuerung nur begrenzt wirksam.

Wenn Unterricht erfolgreich sein soll, dann müssen die Lernenden in der Lage sein, eigene Denk-Netze zu knüpfen. Je mehr Beziehungen sie zwischen Wissenselementen herstellen können, das heißt je dichter und enger die Netze gewoben sind, desto beweglicher wird das Denken. Die Schüler sind dann eher in der Lage, ihre Kenntnisse auch bei veränderten oder ungewohnten Situationen anzuwenden. Dies bedeutet, dass sinnvolles Lernen nur aktiv-entdeckend ablaufen kann. Wir müssen uns von dem dominierenden, belehrenden Unterrichtsstil verabschieden.

Eigene Wege beim Lernen gehen

Die dynamischen Arbeitsblätter und Lernumgebungen sollen helfen, erste erfolgreiche Schritte zu unternehmen, um von einem passiv-rezeptiven Unterricht zu einem aktiv-entdeckenden Lernen zu gelangen. Dabei findet eine Rollenänderung im Vergleich zum herkömmlichen Unterricht statt: Der Lehrer gibt nicht mehr überwiegend eigenes Wissen an die Schüler weiter, sondern ermöglicht ihnen einen möglichst eigenständigen Zugang zum Wissen.

Das Unterrichten mit den dynamischen Arbeitsblättern findet unter einem problemorientierten Aspekt statt. Die Behandlung der einzelnen Lerninhalte beginnt mit konkreten Tätigkeiten am Bildschirm. Die Schüler werden aufgefordert,

Blatt 2.1: Umfangswinkelsatz

- Verschiebe A oder B so, dass die Seite [AB] nicht mehr Durchmesser ist.
- Bewege C auf der Kreislinie und beobachte die Größe des Winkels γ.

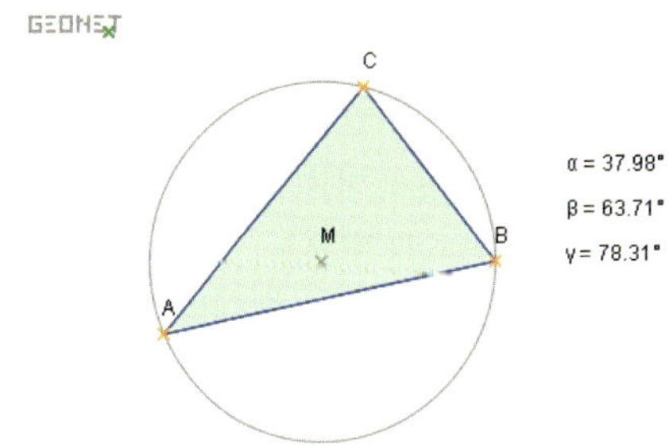

- Notiere deine Beobachtungen und erstelle aussagekräftige Skizzen.
- Vergleiche mit dem Satz des Thales.
- Schreibe Vermutungen in dein Lerntagebuch.

selbst etwas auszuprobieren. Dabei sollen sie bestimmte Eigenschaften oder Zusammenhänge entdecken und Vermutungen schriftlich formulieren. Die Lehrperson achtet darauf, dass die Schüler verstehen, worum es bei dem jeweiligen Arbeitsblatt inhaltlich geht.

Anschließend sollen die Schüler (Partner, Gruppen) einander ihre Ergebnisse vorstellen und ihre Aufzeichnungen miteinander vergleichen und gegebenenfalls ergänzen. Die Lehrperson beobachtet und gibt auf Nachfrage Hinweise. Einzelne Schüler bzw. Schülergruppen können ihre Ergebnisse den Mitschülern präsentieren und erläutern. Die Lehrperson vervollständigt und ergänzt die Ausführungen der Schüler. Durch diese Vorgehensweise werden die subjektiven Vorstellungen und Erkenntnisse der Schüler um die konventionelle Darstellung des Lehrinhalts ergänzt. Die un-

Gründe für den Einsatz dynamischer Arbeitsblätter

- Die Schüler müssen aktiv sein.
- Selbständiges Arbeiten wird gefördert.
- Die Schüler können ihr Lerntempo weitgehend selbst bestimmen.
- Die experimentelle Vorgehensweise weckt Neugier.
- Das Bewegen und Verändern von Figuren führt zu neuen Sichtweisen.
- Das Visualisieren und Dynamisieren fördert das Verständnis von geometrischen Zusammenhängen.
- Es sind keinerlei technische Vorkenntnisse notwendig.
- Es sind keine Vorerfahrungen mit Mathematiksoftware erforderlich.

terschiedlichen Darstellungen ermöglichen ein besseres Verstehen.

Experimentieren am Bildschirm – Dokumentieren im Lerntagebuch

Dynamische Arbeitsblätter und Lernumgebungen ermöglichen eine Arbeitsform innerhalb des Unterrichts, der bislang im Fach Mathematik zu wenig Aufmerksamkeit geschenkt wurde. Mathematik entpuppt sich als ein experimentelles Fach. Das Labor ist der Computer, als Experimentiergerät dient eine dynamische Konfiguration auf dem Bildschirm. Mit der bloßen Durchführung des „Experiments" ist es im Unterricht aber nicht getan. Denn nach dem Abschalten des PCs geraten die herausgefundenen Erkenntnisse schnell in Vergessenheit. Um eine gewisse Nachhaltigkeit zu erzielen und einen dauerhaften Lerneffekt zu erreichen, müssen daher die „Experimente" zusammen mit den Ergebnissen unbedingt dokumentiert werden. Wir benötigen dazu ein Lerntagebuch, in das die Schüler während des Arbeitens an der Lernumgebung

- aussagekräftige Figuren skizzieren,
- ihre Beobachtungen notieren,
- Vermutungen formulieren,
- Begründungen aufschreiben,
- persönliche Eindrücke festhalten.

In den einzelnen Lernumgebungen wird immer wieder auf das Lerntagebuch hingewiesen. Diese individuellen Aufzeichnungen dienen als Grundlage für den thematischen Überblick über den behandelten Stoff und können zur Vorbereitung auf Leistungsnachweise genutzt werden. Zu einigen Lernumgebungen gibt es ein Ergebnisblatt im PDF-Format. Dies kann ausgedruckt und in das Lerntagebuch eingeklebt werden. Hier sind die wichtigsten Ergebnisse der Lernumgebung festgehalten. Mit dem Ergebnisblatt werden die eigenen Aufzeichnungen der Schüler ergänzt. Gleichzeitig ist damit sicher gestellt, dass zu der Thematik ein knapper Überblick in jedem persönlichen Lerntagebuch vorhanden ist. Ebenso werden Druckvorlagen im PDF-Format zu komplexeren Beweisen sowie zu Arbeitsblättern für ergänzende traditionelle Konstruktionsaufgaben bereit gestellt.

Ideen diskutieren – Ergebnisse präsentieren

Nach dem individuellen Durcharbeiten einer Lernumgebung sollen die Schüler sich gegenseitig ihre Ideen und Ergebnisse mitteilen, diese vergleichen und ergänzen. Dabei lernen sie, mathematische Inhalte mündlich und schriftlich zu beschreiben. Dieses aktive Kommunizieren führt zu einem tieferen Verständnis der Lerninhalte.

Die Lehrperson übernimmt die Rolle eines Beobachters. Sie stellt fest, welche Lösungsansätze bzw. Lösungen die Schüler erarbeitet haben und bestimmt geeignete Schüler für die Präsentation.

Schule ist kein Ort des Belehrens, sondern des Lernens

Das Arbeiten mit dynamischen Arbeitsblättern macht deutlich, dass Lernen nicht passiv verläuft. Dem Lehrer kommt eine veränderte Rolle zu. Während die Schüler sich mit dem Arbeitsblatt oder der Lernumgebung befassen, beobachtet der Lehrer, steht für Fragen zur Verfügung und bietet Hilfe zur Selbsthilfe an. In der Präsentationsphase leitet er als Moderator das Vorstellen und die Diskussion der Schülerbeiträge. Zusammenfassung und Ergänzung der Thematik sowie das Einordnen in den Unterrichtsstoff erfolgen in einer abschließenden lehrerzentrierten Instruktionsphase. Hier zeigt der Lehrer auch die üblichen Vorgehensweisen und Begründungen, außerdem macht er die Schüler mit den allgemein gültigen Fachbegriffen vertraut.

Der Dreischritt ich - du - wir mit dynamischen Arbeitsblättern

Bei dieser speziellen Arbeitsform geht es darum, dass Schüler Lernprozesse zu einem bestimmten Thema in drei Phasen durchlaufen, und zwar

- allein,
- mit anderen Schülern,
- mit Hilfe des Lehrers.

Sehr prägnant haben die Schweizer Peter Gallin und Urs Ruf diese Phasen mit dem Dreischritt „ich - du – wir" beschrieben. Die Lernumgebung zum Satz des Thales (vgl. Seite 45) orientiert sich beispielsweise streng an diesem Aufbau. Nachfolgend werden Zielsetzung und Aktivitäten der drei Phasen erläutert.

Phase 1

„Don't preach facts, stimulate acts" fordert der amerikanische Mathematiker Paul Halmos. Die Lernumgebung beginnt mit einer Problemstellung, die den Schülern Gelegenheiten gibt, sich mit der ausgewählten Thematik zu befassen. Kurze Arbeitsaufträge leiten zum eigenständigen Experimentieren, Beobachten und Entdecken an einer dynamischen Konfiguration an. Die Schüler sind aufgefordert, Skizzen in ihrem Lerntagebuch (oder in ihrem normalen Heft) anzufertigen, ihre Wahrnehmungen selbständig zu notieren und eigene Vermutungen zu formulieren. Dabei lernen die Schüler ihre Gedankengänge zu ordnen und sich schriftlich auszudrücken. Diese Aufzeichnungen dienen als Grundlage für die nachfolgende Diskussion der Einzelergebnisse.

Phase 2

In der anschließenden zweiten Phase vergleichen und diskutieren die Schüler in Partnerarbeit oder in Kleingruppen ihre Ergebnisse und ergänzen – soweit nötig – ihre Einträge im Lerntagebuch. Erst jetzt sollen sie die nächste Seite der Lernumgebung ansehen. Diese gibt Hinweise zur Begründung der aufgestellten Vermutungen und der gefundenen Eigenschaften. Die Schüler versuchen mit Hilfe dieser Anleitung eigene Schritte in Richtung einer Begründung zu gehen. Die Lehrperson greift im Idealfall wiederum lediglich als Berater in den Unterrichtsverlauf ein.

Phase 3

Die dritte Phase verläuft eher im traditionellen Unterrichtsstil. Einleitend greift der Lehrer Ergebnisse der Schüler auf, eventuell führen Schüler eigene Begründungen vor. Die zugehörige Seite der Lernumgebung zeigt eine der möglichen Beweisvarianten zum Satz des Thales. Dabei kann zur besseren Veranschaulichung eine Darstellung mit Überblendtechnik gewählt werden. Diese Seite lässt sich in einem lehrergesteuerten Unterrichtsgespräch einsetzen. Denkbar ist auch ein Durcharbeiten in Einzelarbeit, wobei der Lehrer beratend zur Seite steht und mit geeigneten Fragen das Verständnis überprüft.

Besondere Linien im Dreieck

Die Lernumgebung bietet einen Einstieg in das Thema „Besondere Linien (Transversalen) im Dreieck". Die Schüler gewinnen einen individuellen Zugang zu den Begriffen Mittelsenkrechte, Umkreis, Winkelhalbierende, Inkreis, Höhe, Seitenhalbierende sowie zu deren fundamentalen Eigenschaften.

In den dynamischen Konstruktionen lassen sich Dreiecke und ihre Transversalen durch Ziehen mit der Maus kontinuierlich variieren. Dadurch entsteht experimentell die Erkenntnis, dass sich Transversalen gleicher Art jeweils in einem Punkt schneiden – unabhängig davon, welche Form das Dreieck besitzt.

Auf Papier oder an der Tafel stehen bei der Erarbeitung dieser Thematik immer nur wenige Dreiecke der Anschauung zur Verfügung. Zudem kann mit traditionellen Konstruktionswerkzeugen die unvermeidbare Zeichenungenauigkeit die mathematischen Zusammenhänge verschütten.

Durch einen Klick auf den Eintrag „Übersicht" in der linken Navigationsleiste erhält man eine Auflistung aller dynamischen Arbeitsblätter, die zu der Lernumgebung gehören. Hier wird auch ein zusammenfassendes Ergebnisblatt mit den wichtigsten Ergebnissen im PDF-Format angeboten.

Inhalt

- Mittelsenkrechte, Umkreis
- Winkelhalbierende, Inkreis
- Höhe
- Seitenhalbierende

Zeitrahmen

1 Stunde Mittelsenkrechte
1 Stunde Winkelhalbierende
1 Stunde Höhe und Seitenhalbierende

Material

- Geodreieck
- Lineal
- Zirkel
- Lerntagebuch

Ein erster Zugang

Das dynamische Arbeitsblatt enthält vier (gleichseitige) Dreiecke, die auf den ersten Blick gleich aussehen. Verändert man allerdings die Form der Dreiecke durch Ziehen an den Ecken, so zeigt sich, dass die eingezeichneten Linien bei allen vier Dreiecken jeweils unterschiedlicher Natur sind: Es handelt sich um Mittelsenkrechte, Winkelhalbierende, Höhen bzw. Seitenhalbierende. Die Schüler sind gefordert, durch Variation der Dreiecksform und genaues Beobachten jeweils die besondere Eigenschaft dieser Linien herauszufinden und sie zu beschreiben. Auf diese Weise gewinnen die Schüler einen individuellen, ausgesprochen direkten Zugang zur Thematik. Sie bilden eigene Vorstellungen von den neuen mathematischen Objekten, auch wenn sie die zugehörigen Vokabeln „Mittelsenkrechte“, „Winkelhalbierende“ etc. zunächst noch nicht kennen.

Blatt 1: Gleich und doch nicht gleich?

Hier siehst du vier Dreiecke, die nur auf den ersten Blick gleich aussehen.

- Verändere die Form der Dreiecke, indem du mit der Maus an den Eckpunkten ziehst, und versuche herauszufinden, welche Bedeutung die eingezeichneten Linien in den Dreiecken jeweils haben.
- Notiere deine Ergebnisse mit Skizzen in dein Lerntagebuch.

GEONExT

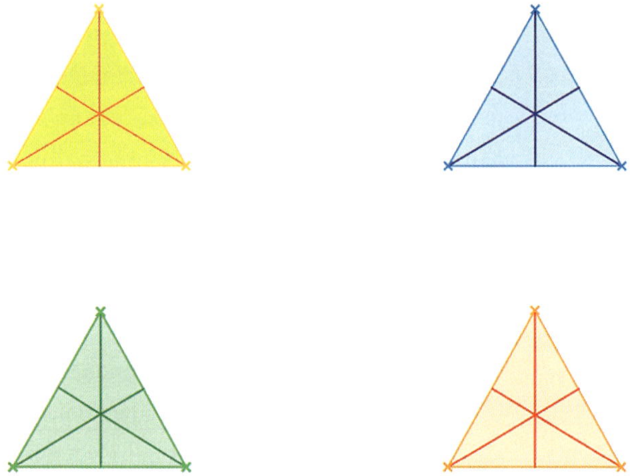

Blatt 2.1: Die Mittelsenkrechten eines Dreiecks

In der Zeichenfläche siehst du ein Dreieck. Du kannst seine Form verändern, indem du mit der Maus an den Ecken ziehst.

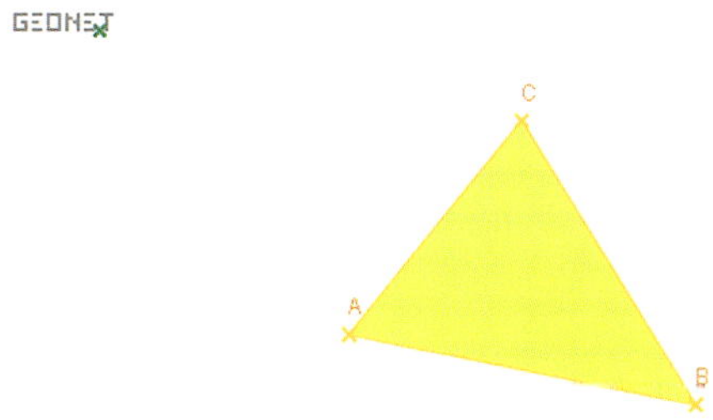

Eine Gerade, die auf einer Dreiecksseite senkrecht steht und durch deren Mittelpunkt verläuft, heißt **Mittelsenkrechte** des Dreiecks.

Die Mittelsenkrechten zu den Seiten a, b und c werden mit m_a, m_b und m_c bezeichnet. Durch einen Mausklick auf die folgenden Schalter kannst du sie ein- und ausblenden:

m_a m_b m_c

- Experimentiere mit der Zeichnung!
- Fertige in deinem Lerntagebuch einen Eintrag zum Thema *"Die Mittelsenkrechten eines Dreiecks"* an. Erkläre darin den Begriff, zeichne zwei verschiedenartige Dreiecke mit ihren Mittelsenkrechten und beschreibe alle deine bisherigen Beobachtungen.

Die Mittelsenkrechten

Die Schüler finden ein Dreieck vor, zu dem sie die Mittelsenkrechten per Mausklick ein- und ausblenden können. Die Form des Dreiecks lässt sich kontinuierlich variieren, indem man mit der Maus an den Ecken zieht. Dabei verändern sich die Mittelsenkrechten entsprechend mit.
Experimentell entsteht die Erkenntnis: Die Mittelsenkrechten eines Dreiecks schneiden sich stets in einem Punkt – unabhängig von der speziellen Dreiecksform.

Der Umkreis

Die Schüler sollen nach einer Begründung suchen, warum sich die Mittelsenkrechten stets in einem Punkt schneiden. Natürlich werden dies nicht alle Schüler vollständig schaffen. Die Lernumgebung möchte hier nur einen Anstoß geben, der später im gemeinsamen Unterrichtsgespräch wieder aufgenommen wird. Keinesfalls ist die Lernumgebung eine reine „Selbstlern-Umgebung". Sie ist in einen größeren Unterrichtszusammenhang einzubetten.

Es zeigt sich experimentell, dass ein Kreis, der den Schnittpunkt der Mittelsenkrechten als Mittelpunkt hat und durch einen Eckpunkt des Dreiecks verläuft, automatisch auch durch die beiden anderen Eckpunkte verläuft. Damit dringen die Schüler zum Umkreis von Dreiecken vor.

Die Frage, wann der Schnittpunkt der Mittelsenkrechten innerhalb des Dreiecks, auf einer Dreiecksseite oder außerhalb des Dreiecks liegt, kann Anlass für eine Querverbindung bzw. einen Ausblick auf den Satz des Thales sein.

Dass die Existenz von Umkreisen nicht selbstverständlich ist, zeigt die entsprechende Frage für Vierecke.

Blatt 2.2: Der Umkreis eines Dreiecks

Die Mittelsenkrechten eines Dreiecks schneiden sich stets in einem Punkt, unabhängig von der Form des Dreiecks.

- Versuche zu begründen, *warum* dieses Resultat richtig ist!

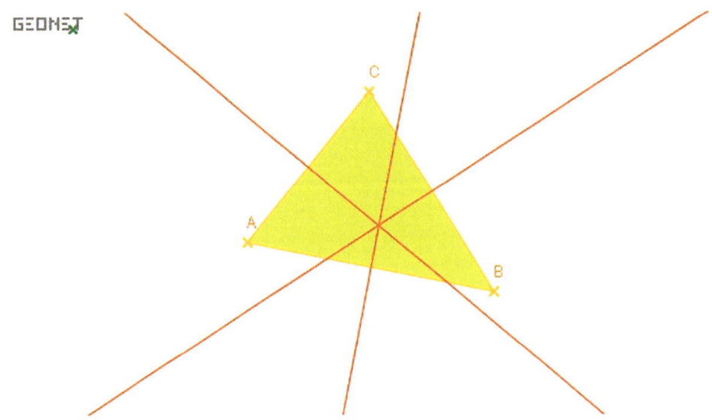

Durch einen Klick auf das Symbol  kannst du einen Kreis ein- und ausblenden. Er wurde so konstruiert, dass er den Schnittpunkt der Mittelsenkrechten als Mittelpunkt hat und durch die Ecke A verläuft.

- Verändere die Form des Dreiecks und beobachte jeweils die Eigenschaften des Kreises.

Dieser Kreis heißt **Umkreis des Dreiecks**. Seinen Mittelpunkt, den Schnittpunkt der Mittelsenkrechten, nennt man auch **Umkreismittelpunkt**.

- Vervollständige den Eintrag in deinem Lerntagebuch und halte alle bisherigen Ergebnisse mit Skizzen fest.
- Versuche zu begründen, *warum* es zu jedem Dreieck einen Umkreis gibt, auf dem *alle drei* Ecken liegen!
- Verändere die Form des Dreiecks und beobachte dabei den Umkreismittelpunkt. Wann liegt er innerhalb des Dreiecks, auf einer Dreiecksseite oder außerhalb des Dreiecks?
- Gibt es auch für jedes Viereck einen Kreis, auf dem alle vier Ecken liegen?

Blatt 3.1: Die Winkelhalbierenden eines Dreiecks

GEONExT

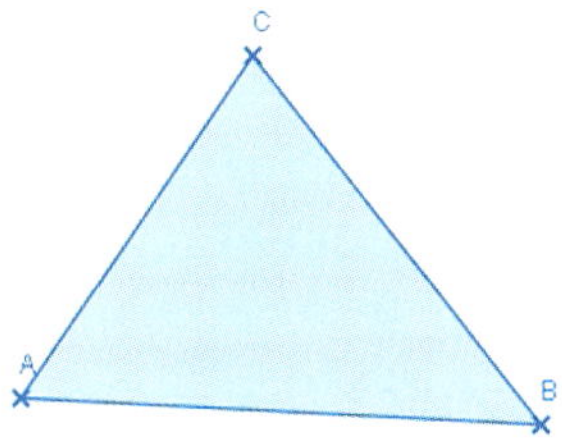

Eine Gerade, die einen Innenwinkel eines Dreiecks halbiert, heißt **Winkelhalbierende** des Dreiecks.

Die Winkelhalbierenden der Winkel α, β und γ werden mit w_α, w_β und w_γ bezeichnet. Mit Mausklicks kannst du sie ein- und ausblenden:

w_α w_β w_γ

- Experimentiere mit der Zeichnung!
- Erstelle in deinem Lerntagebuch einen Eintrag zum Thema *"Die Winkelhalbierenden eines Dreiecks"*. Erkläre darin den Begriff, zeichne zwei verschiedenartige Dreiecke mit ihren Winkelhalbierenden und beschreibe alle deine bisherigen Beobachtungen.

Die Winkelhalbierenden

Dieses dynamische Arbeitsblatt zeigt ein Dreieck, bei dem die Winkelhalbierenden per Mausklick ein- und ausgeblendet werden können.
Indem die Schüler das Dreieck durch Ziehen mit der Maus in seiner Form variieren, erkennen sie experimentell, dass sich die Winkelhalbierenden stets in einem Punkt schneiden, unabhängig von der Gestalt des Dreiecks.

Der Inkreis

Die Schüler gewinnen einen Zugang zum Inkreis von Dreiecken. Die Variation der gegebenen Konstruktion führt zur Vermutung, dass ein solcher stets existiert. Ist dieses experimentell gewonnene Resultat inhaltlich verstanden, können die Schüler nach Wegen der Begründung suchen.

Der vollständige Beweis zur Existenz des Inkreises sollte – nachdem die Schüler eigenständig in die Thematik eingedrungen sind – im Klassenplenum unter Einbeziehung der Schülerresultate besprochen werden.

Natürlich macht dynamische Mathematik Beweise nicht überflüssig. Im Gegenteil! Die Beschäftigung mit dem „Warum?“ fällt umso leichter, je besser die Schüler das „Was?“ verstanden haben.

Dass bei Vierecken Inkreise nicht immer existieren, rundet die Überlegungen ab.

Blatt 3.2: Der Inkreis eines Dreiecks

Die Winkelhalbierenden eines Dreiecks schneiden sich stets in einem Punkt, unabhängig von der Form des Dreiecks.

- Versuche zu begründen, *warum* dieses Resultat richtig ist!

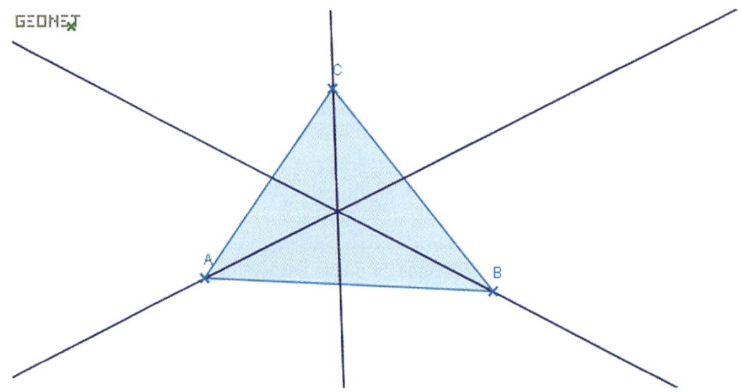

Durch einen Klick auf das Symbol ⊙ kannst du einen Kreis ein- und ausblenden. Er wurde so konstruiert, dass er den Schnittpunkt der Winkelhalbierenden als Mittelpunkt hat und die Seite a von innen berührt.

- Verändere die Form des Dreiecks und beobachte jeweils die Eigenschaften des Kreises.

Dieser Kreis heißt **Inkreis des Dreiecks**. Seinen Mittelpunkt, den Schnittpunkt der Winkelhalbierenden, nennt man auch **Inkreismittelpunkt**.

- Konstruiere in deinem Lerntagebuch zu einem Dreieck den Inkreis. Wie kann man die Berührpunkte des Inkreises mit den Dreiecksseiten konstruieren?
- Halte alle bisherigen Ergebnisse mit Skizzen in deinem Lerntagebuch fest
- Versuche zu begründen, *warum* es zu jedem Dreieck einen Inkreis gibt, der *alle drei* Seiten berührt!
- Gibt es auch für jedes Viereck einen Kreis, der alle vier Seiten berührt?

Blatt 4: Die Höhen eines Dreiecks

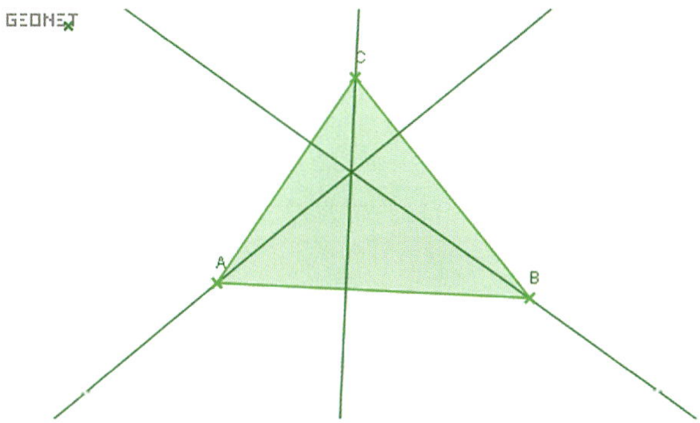

Eine Gerade, die auf einer Dreiecksseite senkrecht steht und durch die gegenüberliegende Ecke verläuft, heißt **Höhe** des Dreiecks.

Die Höhen zu den Seiten a, b und c werden mit h_a, h_b und h_c bezeichnet. Mit den folgenden Schaltern kannst du sie ein- und ausblenden:

h_a h_b h_c

- Experimentiere mit der Zeichnung!
- Fertige in deinem Lerntagebuch einen Eintrag zum Thema *"Die Höhen eines Dreiecks"* an. Erkläre darin den Begriff, zeichne zwei verschiedenartige Dreiecke mit ihren Höhen und beschreibe alle deine Beobachtungen.
- Versuche eine Begründung dafür zu finden, *warum* sich die drei Höhen stets in einem Punkt schneiden.
- Verändere die Form des Dreiecks und beobachte den Schnittpunkt der Höhen. Wann liegt er innerhalb des Dreiecks, auf einer Dreiecksseite oder außerhalb des Dreiecks?

Die Höhen

Entsprechend zum Vorhergehenden können die Schüler hier die Höhen des Dreiecks ein- und ausblenden sowie das Dreieck beliebig in seiner Form variieren. So gelangen sie zum Resultat, dass sich auch die Höhen in einem Punkt schneiden. Die Begründung hierfür selbständig zu finden, mag für die meisten Schüler zu schwierig sein. Besonders Leistungsfähige können sich hier versuchen, in der Regel wird aber die Lehrkraft die entscheidenden Tipps geben müssen.

Die Seitenhalbierenden

Schließlich lässt sich auch die Schnitteigenschaft der Seitenhalbierenden experimentell entdecken. Auf einen Beweis wird in der Regel bei der ersten Begegnung mit Transversalen verzichtet. Er setzt Kenntnisse über den Strahlensatz und ähnliche Dreiecke voraus. Der Schnittpunkt der Seitenhalbierenden heißt auch Schwerpunkt. Zu diesem Thema wird eine eigene Lernumgebung angeboten (vgl. Seite 23).

Blatt 5: Die Seitenhalbierenden eines Dreiecks

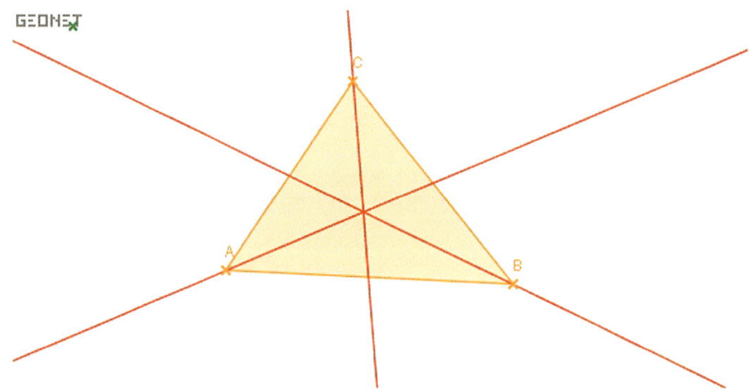

> Eine Gerade, die durch den Mittelpunkt einer Dreiecksseite und den gegenüberliegenden Eckpunkt verläuft, heißt **Seitenhalbierende** des Dreiecks.

Die Seitenhalbierenden zu den Seiten a, b und c werden mit s_a, s_b und s_c bezeichnet. Hier kannst du sie ein- und ausblenden:

s_a s_b s_c

- Experimentiere mit der Zeichnung!
- Erstelle in deinem Lerntagebuch einen Eintrag zum Thema *"Die Seitenhalbierenden eines Dreiecks"*. Erkläre darin den Begriff, zeichne zwei verschiedenartige Dreiecke mit ihren Seitenhalbierenden und beschreibe alle deine Beobachtungen.

Die drei Seitenhalbierenden schneiden sich in einem Punkt, dem so genannten Schwerpunkt. Die Eigenschaften dieses Punktes kannst du in der Lernumgebung *Schwerpunkt im Dreieck* erkunden.

Blatt 6: Zusammenfassung

Du hast vier verschiedene Arten von besonderen Linien im Dreieck kennen gelernt:

- Eine **Mittelsenkrechte** verläuft durch den Mittelpunkt einer Dreiecksseite und steht auf dieser senkrecht (Symmetrieachse der Seite),
- eine **Winkelhalbierende** halbiert einen Innenwinkel (Symmetrieachse des Innenwinkels),
- eine **Höhe** steht auf einer Dreiecksseite senkrecht und verläuft durch die gegenüberliegende Ecke,
- eine **Seitenhalbierende** verläuft durch den Mittelpunkt einer Dreiecksseite und die gegenüberliegende Ecke.

Mittelsenkrechte, Winkelhalbierende, Höhen und Seitenhalbierende fasst man auch unter dem Oberbegriff **Transversalen** zusammen.

Die drei Mittelsenkrechten eines Dreiecks haben einen gemeinsamen Schnittpunkt, ebenso die drei Winkelhalbierenden, die drei Höhen und die drei Seitenhalbierenden.

Jedes Dreieck besitzt einen **Umkreis**. Er hat den Schnittpunkt der Mittelsenkrechten als Mittelpunkt und verläuft durch alle drei Ecken.

Zu jedem Dreieck gibt es einen **Inkreis**. Er besitzt den Schnittpunkt der Winkelhalbierenden als Mittelpunkt und berührt die drei Seiten des Dreiecks von innen.

- Fertige in deinem Lerntagebuch eine Übersicht an, in der alle kennen gelernten Begriffe dargestellt sind.

Zusammenfassung

Nach der Einführung der vielen neuen Begriffe erscheint eine Zusammenfassung sinnvoll.
Die Schüler werden aufgefordert, eine zusammenfassende Übersicht über das Neue auch in ihrem Lerntagebuch zu erstellen. Dadurch soll vor allem Klarheit und Übersicht in ihrer eigenen Vorstellung erzeugt werden.

Ausblick

Im Zusammenhang mit Transversalen sind viele Ausblicke denkbar, etwa auf die Euler-Gerade oder den Feuerbach-Kreis. Auf dem vorliegenden Arbeitsblatt wird der Frage nachgegangen, welche Spur der Höhenschnittpunkt hinterlässt, wenn man einen Eckpunkt des Dreiecks auf einer Geraden bewegt, die zur gegenüberliegenden Seite parallel ist. Per Mausklick kann der Höhenschnittpunkt in den Spurmodus versetzt werden, er hinterlässt dann bei seinem Weg in der Zeichenfläche eine Spur. Dass diese Spur eine Parabel ist, kann nur begründet werden, wenn die Schüler bereits mit quadratischen Funktionen und der Ähnlichkeit bei Dreiecken vertraut sind.

Die Software für dynamische Mathematik GEONExT bietet einen geeigneten Rahmen, um derartige Fragestellungen auch für andere Transversalen oder andere Bahnen des Eckpunkts zu untersuchen. Interessierte Schüler können hier eigenständig weiterforschen und werden interessante Spurkurven entdecken.

Blatt 7: Ausblick

Im folgenden Dreieck ist der Höhenschnittpunkt eingezeichnet. Der obere Eckpunkt ist auf einer Geraden beweglich, die parallel zur gegenüberliegenden Seite ist.

- Bewege diesen Eckpunkt und beobachte, welche Auswirkungen dies auf den Höhenschnittpunkt hat.

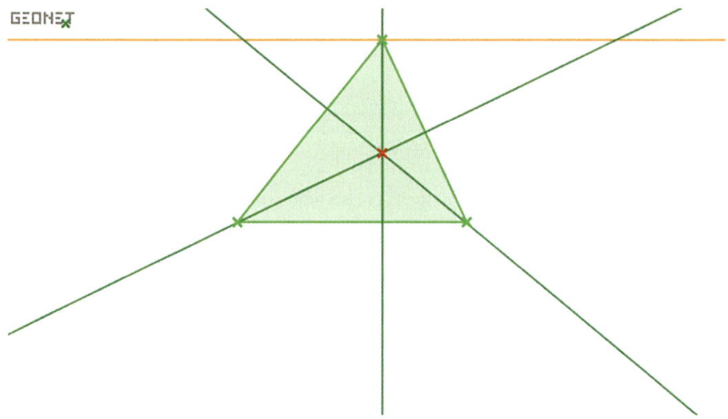

Der Höhenschnittpunkt kann bei seinen Bewegungen eine Spur in der Zeichenfläche hinterlassen. Mit einem Klick auf das Symbol schaltest du diese Funktionsweise ein bzw. aus. Ein Klick auf löscht die Spur.

Zum Weiterforschen:
Um derartige Fragen auch für andere Transversalen zu erforschen, kannst du die Software für dynamische Mathematik GEONExT verwenden. Sie ist im Internet auf der GEONExT-Homepage http://geonext.de kostenlos erhältlich.

Besondere Linien im Dreieck

Du hast vier verschiedene Arten von besonderen Linien im Dreieck kennen gelernt:

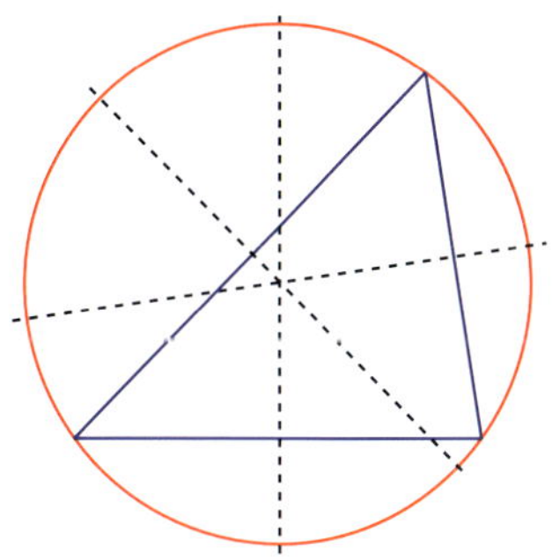

1 Eine **Mittelsenkrechte** verläuft durch den Mittelpunkt einer Dreiecksseite und steht auf dieser senkrecht (Symmetrieachse der Seite). Alle drei Mittelsenkrechten eines Dreiecks schneiden sich in einem Punkt.
Jedes Dreieck besitzt einen **Umkreis**. Er hat den Schnittpunkt der Mittelsenkrechten als Mittelpunkt und verläuft durch alle drei Ecken.

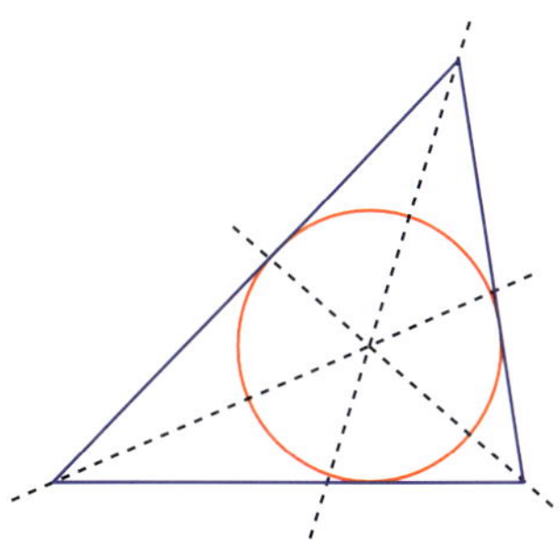

2 Eine **Winkelhalbierende** halbiert einen Innenwinkel (Symmetrieachse des Innenwinkels). Die drei Winkelhalbierenden eines Dreiecks schneiden sich in einem Punkt.
Zu jedem Dreieck gibt es einen **Inkreis**. Er hat den Schnittpunkt der Winkelhalbierenden als Mittelpunkt und berührt die drei Seiten des Dreiecks von innen.

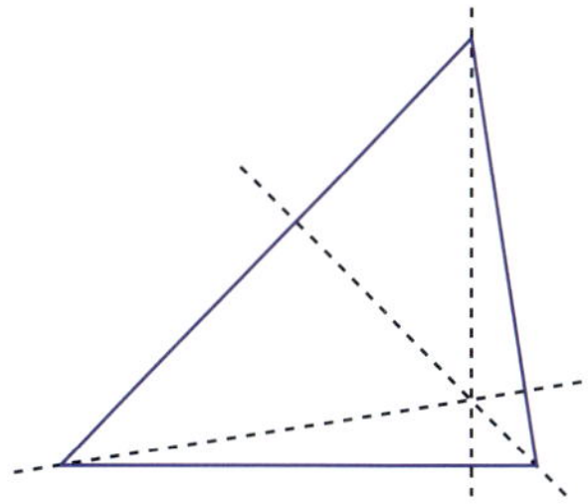

3 Eine **Höhe** steht auf einer Dreiecksseite senkrecht und verläuft durch die gegenüberliegende Ecke. Alle drei Höhen eines Dreiecks schneiden sich in einem Punkt.

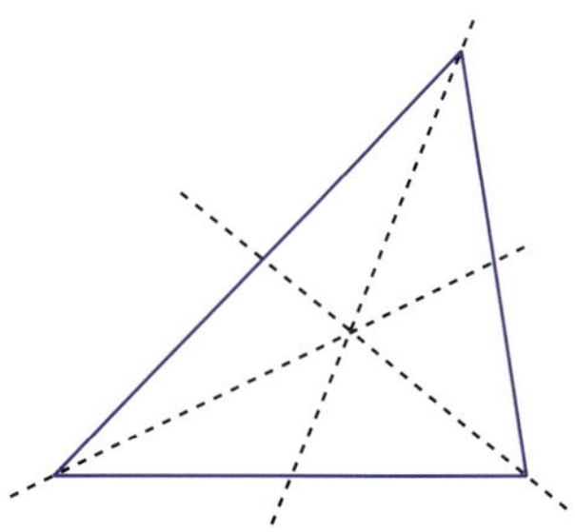

4 Eine **Seitenhalbierende** verläuft durch den Mittelpunkt einer Dreiecksseite und die gegenüberliegende Ecke. Auch die Seitenhalbierenden eines Dreiecks schneiden sich in einem Punkt, dem so genannten Schwerpunkt.

Mittelsenkrechte, Winkelhalbierende, Höhen und Seitenhalbierende fasst man unter dem Oberbegriff **Transversalen** zusammen.

Schwerpunkt im Dreieck

Die Lernumgebung zum Schwerpunkt im Dreieck besteht aus sechs dynamischen Arbeitsblättern und einem ausdruckbaren Ergebnisblatt.
Die ersten drei Arbeitsblätter beinhalten Experimente zum Schwerpunkt. Bereits Schüler mit wenig geometrischen Vorkenntnissen können sie betrachten und durcharbeiten, um an die Begriffe Schwerlinie und Schwerpunkt im Dreieck herangeführt zu werden. Die mathematischen Experimente führen die Schüler dabei zu zwei wichtigen Vermutungen:

- die drei Schwerlinien eines Dreiecks schneiden sich immer in einem Punkt,
- zwei Schwerlinien teilen sich immer im Verhältnis 2:1.

Im folgenden Arbeitsblatt „Vermutungen" werden Hilfen angeboten, die einen mathematischen Beweis vorbereiten sollen. Schließlich sind auf zwei weiteren Arbeitsblättern die zugehörigen Beweise ausführlich und anschaulich aufbereitet. Auf dem Ergebnisblatt sind die beiden Beweise nochmals in schriftlicher Form niedergelegt und können von den Schülern als Musterlösungen in ihr Lerntagebuch eingefügt werden.

Inhalt

- Experimente zum Schwerpunkt
  - Dynamische Schwerpunkterzeugung
  - Seitenhalbierende
  - Teilverhältnis der Seitenhalbierenden
- Beweise zum Schwerpunktsatz

Zeitrahmen

1 Stunde Experimente
1 Stunde Beweise

Material

- Geodreieck
- Lerntagebuch

Dynamisches Erzeugen des Schwerpunkts

Durch Ziehen eines Punktes von A ausgehend entlang [AB] wird eine zu AC parallele Strecke mitgezogen. Der Mittelpunkt der bewegten Strecke ist der Schwerpunkt dieser Strecke und hinterlässt bei der Bewegung eine Spur. Da die Parallelstrecke die gesamte Dreiecksfläche überstreicht, wird mit der Spur eine Schwerlinie des Dreiecks punktweise erzeugt. Schwerlinie heißt dabei die Linie aller Schwerpunkte der jeweiligen Parallelstrecken.
Die Schwerlinie scheint eine Strecke zu sein. Verfährt man mit den Punkten B und C analog, so kann man dynamisch drei Schwerlinien erzeugen, die sich anscheinend in einem Punkt (dem sog. Schwerpunkt des Dreiecks) schneiden.

Blatt 1: Dynamische Erzeugung des Schwerpunkts

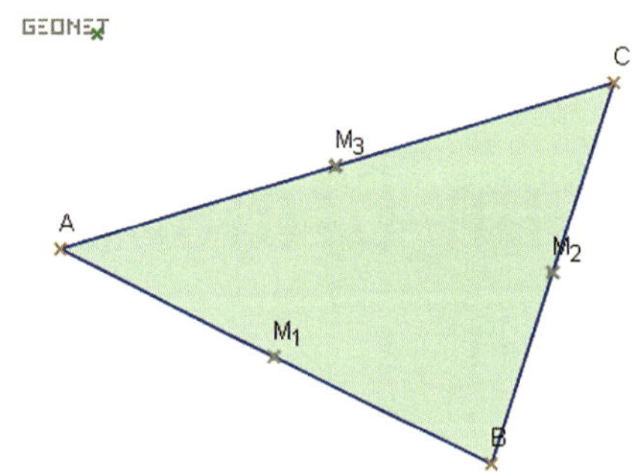

M_1, M_2, M_3 sind die Mittelpunkte der Seiten des Dreiecks ABC.

- Versuche an A entlang der Strecke [AB] bis B zu ziehen.
- Notiere deine Beobachtungen.
- Verfahre analog an den Ecken B und C.

Die Strecken [M_1C], [M_2A] und [M_3B] nennt man **Schwerlinien** im Dreieck ABC.

- Überlege, warum man diese Strecken so nennt.

Tipp

Blatt 1: Dynamische Erzeugung des Schwerpunkts

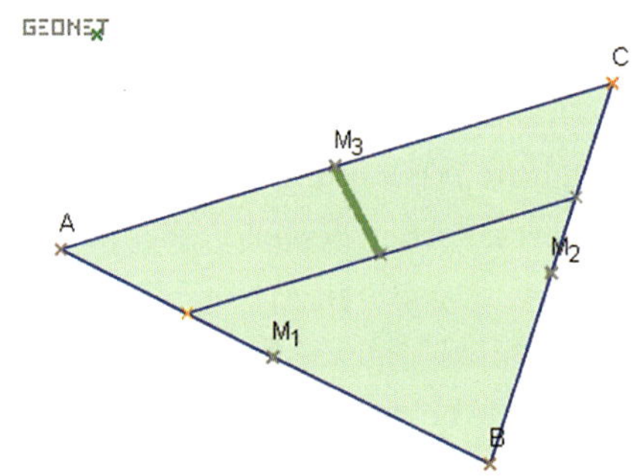

M_1, M_2, M_3 sind die Mittelpunkte der Seiten des Dreiecks ABC.

- Versuche an A entlang der Strecke [AB] bis B zu ziehen.
- Notiere deine Beobachtungen.
- Verfahre analog an den Ecken B und C.

Die Strecken [M_1C], [M_2A] und [M_3B] nennt man **Schwerlinien** im Dreieck ABC.

- Überlege, warum man diese Strecken so nennt.

Tipp

Blatt 2: Seitenhalbierende

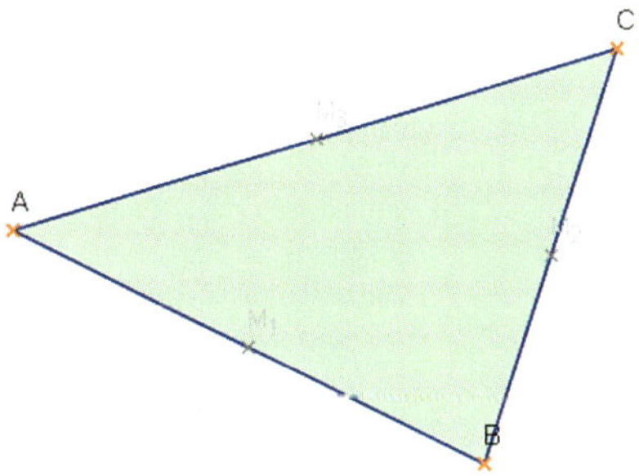

In den Ecken des Dreiecks ABC verstecken sich wieder Punkte.

- Ziehe an A entlang [AB] bis zur Seitenmitte M_1.
- Ziehe entsprechend an B bis M_2 und an C bis M_3.

Die Verbindungsstrecke von einem Eckpunkt zur gegenüberliegenden Seitenmitte heißt **Seitenhalbierende** oder **Schwerlinie** des Dreiecks ABC.

- Verändere durch Ziehen die Lage von A, B oder C.
- Notiere deine Beobachtungen in dein Lerntagebuch.

Blatt 2: Seitenhalbierende

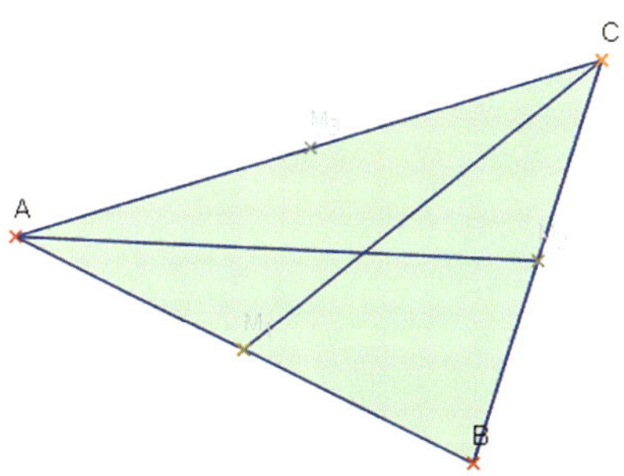

In den Ecken des Dreiecks ABC verstecken sich wieder Punkte.

- Ziehe an A entlang [AB] bis zur Seitenmitte M_1.
- Ziehe entsprechend an B bis M_2 und an C bis M_3.

Die Verbindungsstrecke von einem Eckpunkt zur gegenüberliegenden Seitenmitte heißt **Seitenhalbierende** oder **Schwerlinie** des Dreiecks ABC.

- Verändere durch Ziehen die Lage von A, B oder C.
- Notiere deine Beobachtungen in dein Lerntagebuch.

Seitenhalbierende

Zieht man hier wieder an den Punkten A, B bzw. C, dann werden diesmal die Verbindungsstrecken zu den Ecken mitbewegt. Zieht man jeweils bis zu den Mittelpunkten der Dreiecksseiten, so beobachtet man wieder, dass sich die drei Schwerlinien anscheinend in einem Punkt schneiden. Auch durch Verändern der Lage der Eckpunkte A, B oder C ändert sich nichts an dieser experimentell beobachtbaren „Schnittpunktseigenschaft“ der drei Schwerlinien.

Teilverhältnis

Bei diesem Experiment sind zwei Schwerlinien und ihr Schnittpunkt S bereits vorgegeben. Zudem wurden die Streckenteile auf den Schwerlinien (jeweils rot bzw. blau gekennzeichnet) gemessen. Beobachtet man diese Messwerte, so fällt auf, dass anscheinend die blauen Strecken jeweils doppelt so lang sind wie die roten. Das ändert sich auch nicht, wenn man die Lage der Eckpunkte A, B oder C verändert.

Blatt 3: Teilverhältnis

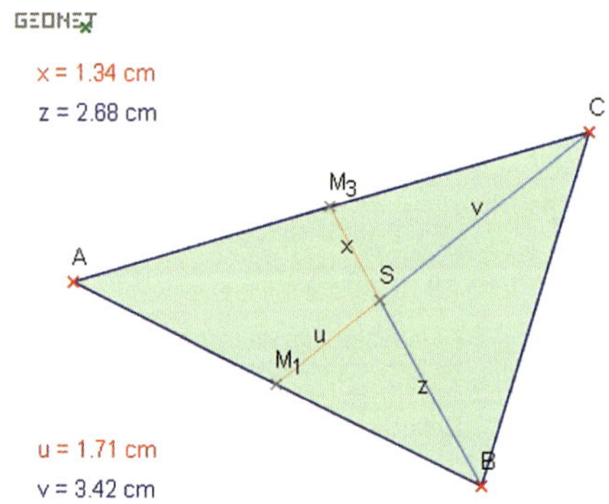

Gegeben ist ein Dreieck mit zwei Schwerlinien.

- Verändere durch Ziehen an einem der Eckpunkte die Form des Dreiecks. Vergleiche dabei jeweils die Streckenlängen x und z bzw. u und v.
- Notiere deine Beobachtungen in dein Lerntagebuch und formuliere eine Vermutung.

Blatt 4: Vermutungen

Vergleiche mit deinen Vermutungen im Lerntagebuch:

> (1) Zwei Seitenhalbierende/Schwerlinien eines Dreiecks teilen sich immer im **Verhältnis 2:1**.
>
> (2) Die drei Seitenhalbierenden/Schwerlinien eines Dreiecks schneiden sich immer in **einem** Punkt.

Diese Vermutungen müssen jetzt noch begründet werden:

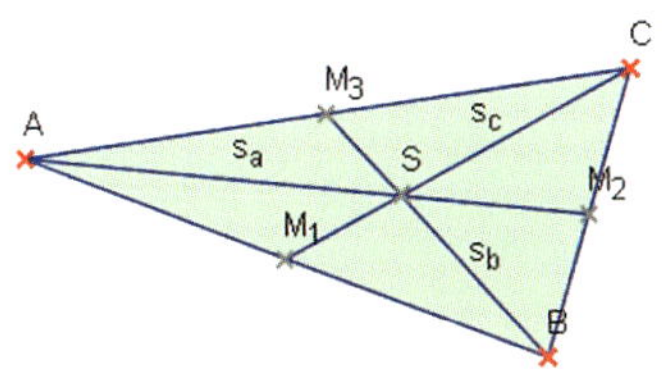

Der Beweis kann z.B. mit Hilfe folgender Strategien geführt werden:

- zu (1):
  Einzeichnen von Hilfslinien (z.B. Mittelparallele M_2M_3).

  Tipp

- zu (2):
  Der Schnittpunkt von s_a und s_b heißt S, der Schnittpunkt von s_b und s_c heißt T.
  Beweise: S = T.

  Tipp

Vermutungen

Bei diesem Arbeitsblatt können Schüler ihre bisherigen Vermutungen vergleichen und eventuell verbessern oder ergänzen.

Der zweite Teil des Arbeitsblattes führt an den folgenden Beweis heran.

Dabei wird Wert darauf gelegt, dass die Schüler im Vorfeld auch wichtige Strategien zur Beweisführung kennenlernen. Hilfe erhält man einerseits durch Mouseover-Effekte (dadurch werden Mittelparallele bzw. Schnittpunkte S oder T eingeblendet), andererseits legen die beiden Tipps Beweisideen nahe (Lehrsätze bzw. Folgerungen, die man verwenden kann, werden genannt). Schüler, die bereits eigene Ideen haben, können natürlich auf diese Tipps verzichten.

Beweis – Teil 1

Die beiden anschließenden Beweise sind in zwei Arbeitsblätter gegliedert. Die Schüler benötigen Vorkenntnisse aus der Ähnlichkeitslehre (Strahlensätze und deren Umkehrung).
Bei Teil 1 werden den Schülern die zum Beweis verwendeten Sätze (Umkehrung des ersten Strahlensatzes und V- bzw. X-Figur des zweiten Strahlensatzes) mit Hilfe einer dynamischen Konstruktion verdeutlicht.
Man sollte den Schülern den letzten Abschnitt (T teilt s_b und s_c im Verhältnis 2:1) zur Eigenarbeit oder als Hausaufgabe stellen, da hier völlig analog argumentiert werden kann.

Blatt 5.1: Beweis

Im Dreieck teilen sich die Schwerlinien gegenseitig im Verhältnis 2:1.

Hinweis: Die blaue Schrift musst du auf dieser Seite **anklicken**!

- M_2M_3 ist parallel zu AB.
  (Umkehrung des 1. Strahlensatzes - Zentrum C)
- Die Strecke [M_2M_3] ist halb so lang wie die Strecke [AB].
  (2. Strahlensatz - Zentrum C)
- [AS] ist doppelt so lang wie [SM_2] und [BS] ist doppelt so lang wie [SM_3].
  (2. Strahlensatz - Zentrum S)
- Somit gilt: S teilt s_a und s_b im Verhältnis 2:1.
- Analog beweist man: T teilt s_b und s_c im Verhältnis 2:1.

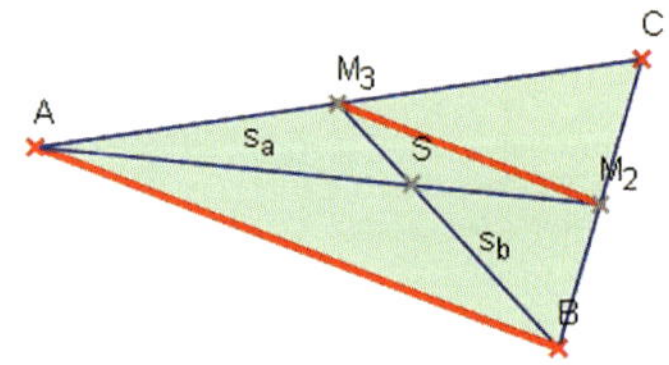

Blatt 5.1: Beweis

Im Dreieck teilen sich die Schwerlinien gegenseitig im Verhältnis 2:1.

Hinweis: Die blaue Schrift musst du auf dieser Seite **anklicken**!

- M_2M_3 ist parallel zu AB.
  (Umkehrung des 1. Strahlensatzes - Zentrum C)
- Die Strecke [M_2M_3] ist halb so lang wie die Strecke [AB].
  (2. Strahlensatz - Zentrum C)
- [AS] ist doppelt so lang wie [SM_2] und [BS] ist doppelt so lang wie [SM_3].
  (2. Strahlensatz - Zentrum S)
- Somit gilt: S teilt s_a und s_b im Verhältnis 2:1.
- Analog beweist man: T teilt s_b und s_c im Verhältnis 2:1.

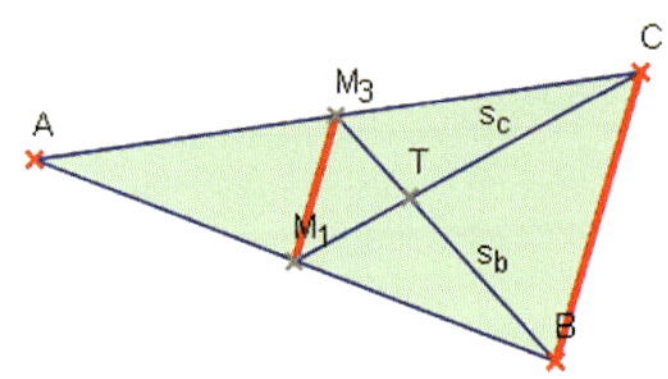

Blatt 5.2: Beweis

Im Dreieck schneiden sich alle drei Schwerlinien in **einem** Punkt.

- S teilt s_b im Verhältnis 2:1 und T teilt s_b im Verhältnis 2:1.
- Weil S und T beide auf BM_3 liegen und sowohl S als auch T die Strecke $[BM_3]$ in derselben Weise und in demselben Verhältnis teilen, gilt schließlich S = T, d.h. alle drei Schwerlinien schneiden sich in **einem** Punkt.

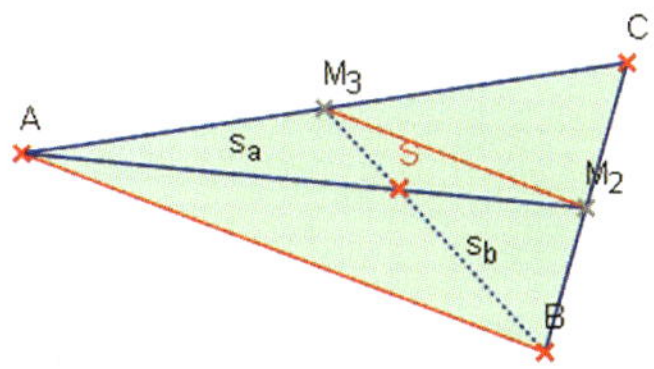

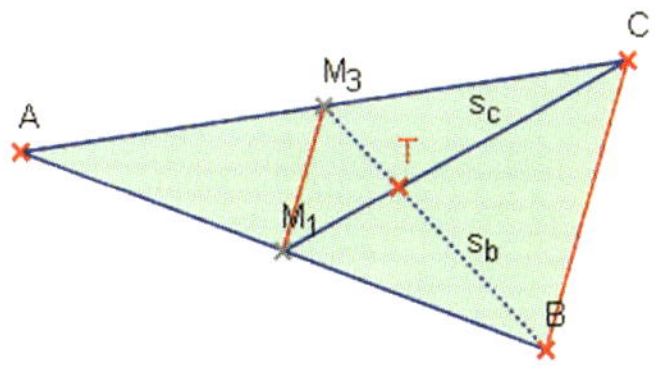

Beweis – Teil 2

Hier wird zum Beweis das Ergebnis von Teil 1 verwendet (nämlich die Eigenschaft, dass die Schwerlinien sich gegenseitig in einem festen Verhältnis schneiden) und die Tatsache, dass S und T auf derselben Strecke s_b liegen.

Schwerpunkt im Dreieck – Teilverhältnis

Im Dreieck teilen sich die Seitenhalbierenden (= Schwerlinien) gegenseitig im Verhältnis 2 : 1.

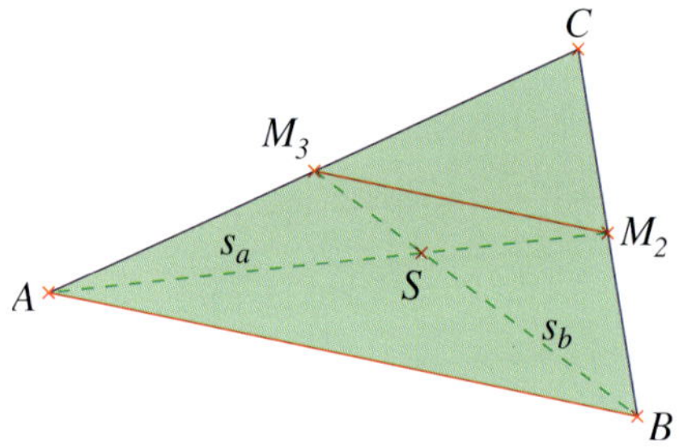

Strategie

Einzeichnen von Hilfslinien.

Beweis

- $M_2 M_3$ ist parallel zu AB (Umkehrung des 1. Strahlensatzes - Zentrum C)
- $\overline{M_2M_3} = \frac{1}{2} \cdot \overline{AB}$ (2. Strahlensatz - Zentrum C)
- $\overline{AS} = 2 \cdot \overline{SM_2}$ und $\overline{BS} = 2 \cdot \overline{SM_3}$ (2. Strahlensatz - Zentrum S)
- Somit gilt: S teilt s_a und s_b im Verhältnis 2 : 1.
- Analog beweist man: T teilt s_b und s_c im Verhältnis 2 : 1.

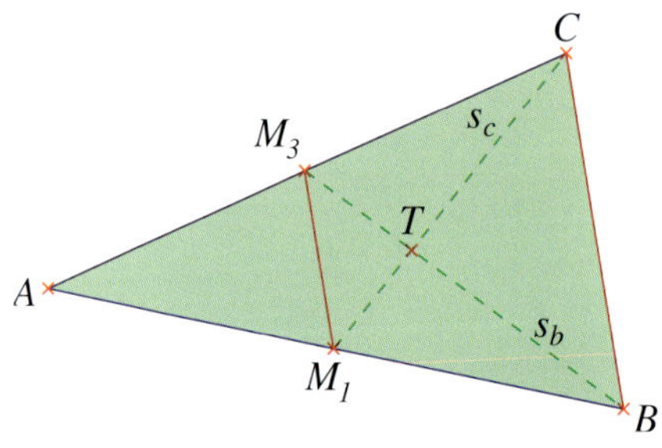

Schwerpunkt im Dreieck – Schnittpunkt

Im Dreieck schneiden sich die drei Seitenhalbierenden in genau einem Punkt.

Strategie

s_b einerseits mit s_a andererseits mit s_c schneiden;
Ergebnis zum Teilverhältnis verwenden.

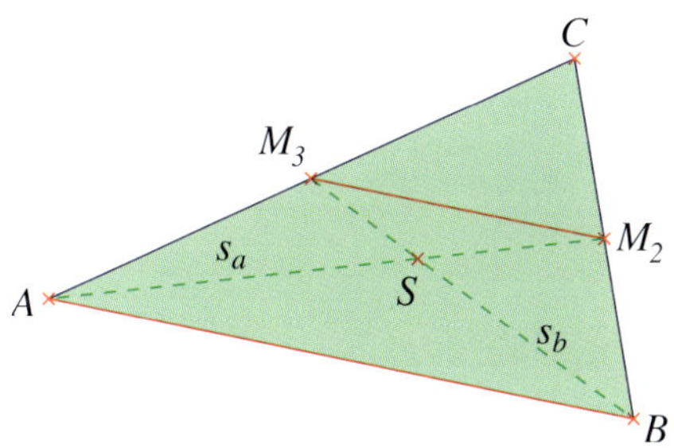

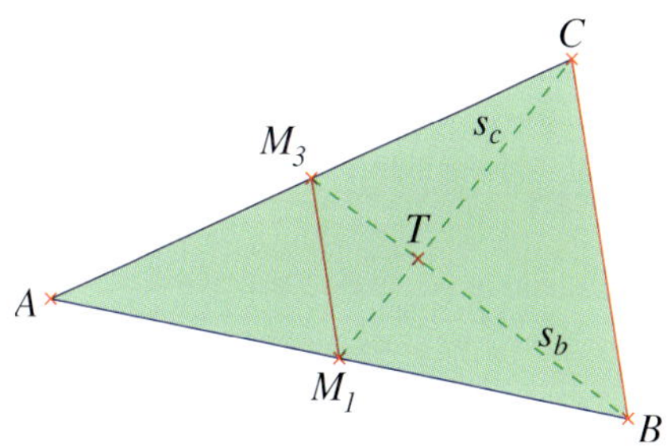

Beweis

- S ist Schnittpunkt von s_a und s_b,
  T ist Schnittpunkt von s_b und s_c.

- S teilt s_b im Verhältnis 2 : 1 und T teilt s_b im Verhältnis 2 : 1
  (Ergebnis zum Teilverhältnis).

- Weil S und T beide auf $[BM_3]$ liegen und beide $[BM_3]$
  in derselben Weise und im selben Verhältnis teilen, gilt S = T,
  d.h. alle drei Schwerlinien schneiden sich genau in einem Punkt.

Flächeninhalt von Dreiecken

In dieser Lernumgebung werden Möglichkeiten dargestellt, wie Schüler die Formelgleichungen zur Berechnung des Flächeninhalts von unterschiedlichen Dreiecksformen selbst entdecken können. In der Schulbuchliteratur werden diese Beziehungen üblicherweise anhand einer speziellen Figur rechnerisch hergeleitet.
Dreiecke können in dieser Lernumgebung verschoben und gedreht werden, mit Zerlegungen in Teilflächen kann experimentiert werden. Bei der Erschließung des Themas spielen folgende Strategien eine wichtige Rolle:

- Betrachte zunächst einen Spezialfall.
- Zeichne an geeigneten Stellen Hilfslinien ein.
- Greife zur Lösung neuer Probleme auf Bekanntes zurück.

Die Flächenberechnung von Dreiecken ist beispielsweise bei Vermessungsaufgaben und im Zusammenhang mit der Flächenberechnung von Vierecken und Vielecken von Bedeutung.

Inhalt

- Rechtwinklige Dreiecke
- Spitzwinklige Dreiecke
- Stumpfwinklige Dreiecke
- Weiterführendes Problem: Flächeninhalt von Parallelogrammen

Zeitrahmen

1–2 Stunden

Material

- Geodreieck
- Lerntagebuch

Rechtwinklige Dreiecke

Die Schüler sollen erkennen, dass ein rechtwinkliges Dreieck einem halben Rechteck entspricht.
Durch Ziehen an einem der Eckpunkte A oder B oder C lässt sich das rechtwinklige Dreieck in Größe und Lage verändern. Der mitwandernde grüne Hilfspunkt legt die Ergänzung zum Rechteck nahe, wobei die Hypotenuse zur Diagonale wird.
Aus den angezeigten Seitenlängen des jeweils aktuellen Dreiecks soll der zugehörige Flächeninhalt bestimmt werden. Alle Überlegungen und Rechnungen werden im Lerntagebuch festgehalten.

Blatt 1: Rechtwinklige Dreiecke

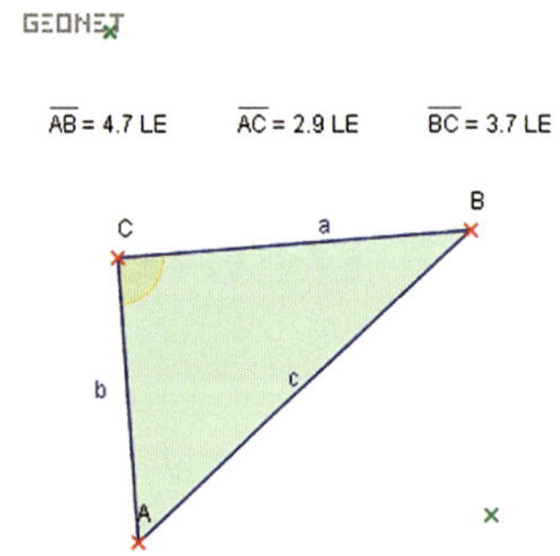

- Ziehe am Punkt A, B oder C und erzeuge so verschiedene rechtwinklige Dreiecke. Beobachte dabei auch die jeweilige Position des einzelnen grünen Punktes.
- Versuche, mit Hilfe der Kathetenlängen a und b den Flächeninhalt des Dreiecks ABC zu berechnen.

Tipp

- Notiere deine Überlegungen in dein Lerntagebuch (mit Zeichnung).

Blatt 1: Rechtwinklige Dreiecke

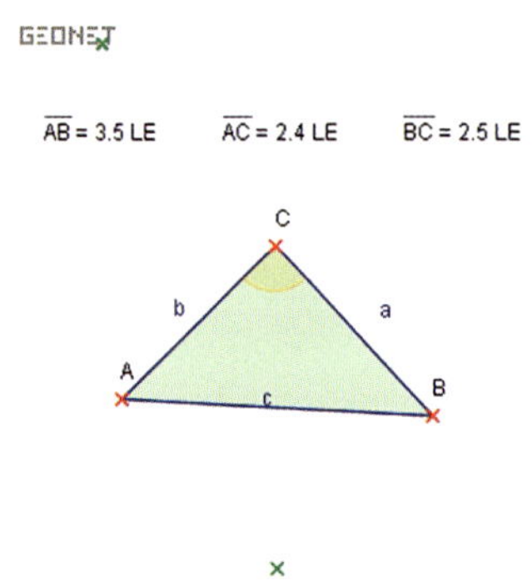

- Ziehe am Punkt A, B oder C und erzeuge so verschiedene rechtwinklige Dreiecke. Beobachte dabei auch die jeweilige Position des einzelnen grünen Punktes.
- Versuche, mit Hilfe der Kathetenlängen a und b den Flächeninhalt des Dreiecks ABC zu berechnen.

Tipp

- Notiere deine Überlegungen in dein Lerntagebuch (mit Zeichnung).

Blatt 2.1: Spitzwinklige Dreiecke

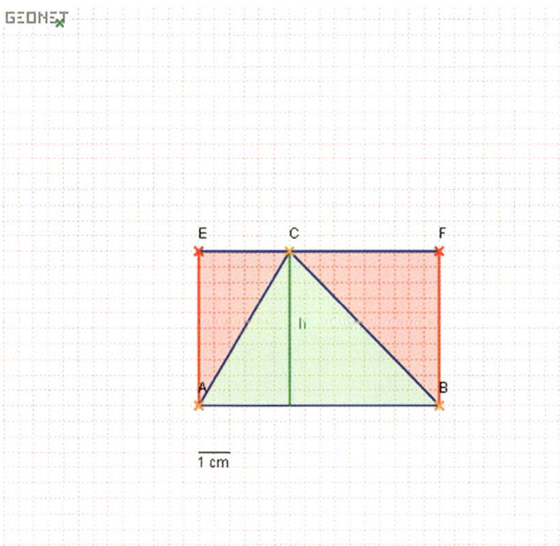

- Ziehe die beiden roten rechtwinkligen Dreiecke an den Punkten E und F aus dem Rechteck heraus.

An den orange gefärbten Eckpunkten lassen sich die beiden Dreiecke drehen.

- Überdecke mit den beiden roten Dreiecken das grüne Dreieck vollständig.
- Vergleiche den Flächeninhalt des Rechtecks mit dem des grünen Dreiecks.
- Notiere deine Überlegungen in dein Lerntagebuch (mit Zeichnungen).

Tipp

Blatt 2.1: Spitzwinklige Dreiecke

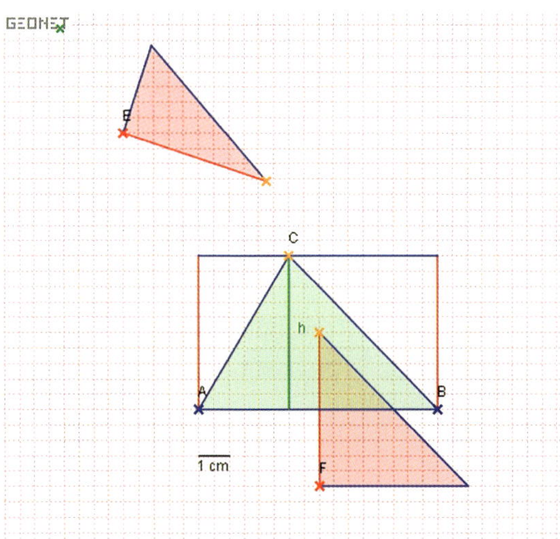

- Ziehe die beiden roten rechtwinkligen Dreiecke an den Punkten E und F aus dem Rechteck heraus.

An den orange gefärbten Eckpunkten lassen sich die beiden Dreiecke drehen.

- Überdecke mit den beiden roten Dreiecken das grüne Dreieck vollständig.
- Vergleiche den Flächeninhalt des Rechtecks mit dem des grünen Dreiecks.
- Notiere deine Überlegungen in dein Lerntagebuch (mit Zeichnungen).

Tipp

Spitzwinklige Dreiecke

Die Berechnung des Flächeninhalts spitzwinkliger Dreiecke wird auf die Berechnung des Flächeninhalts von Rechtecken bzw. von rechtwinkligen Dreiecken zurückgeführt.
Die beiden roten Teildreiecke lassen sich aus dem Rechteck herausziehen und so zusammenfügen, dass sie das grüne Dreieck vollständig überdecken. Die Tatsache, dass der Flächeninhalt des grünen Dreiecks genauso groß wie die Restfläche innerhalb des Rechtecks ist, liefert ohne irgendeine Termumformung die Einsicht, dass der Flächeninhalt des Dreiecks ABC halb so groß wie der Flächeninhalt des umbeschriebenen Rechtecks sein muss.

Spitzwinklige Dreiecke

Da der Punkt C auf der oberen Rechtecksseite verschiebbar ist, lassen sich unterschiedliche spitzwinklige Dreiecke betrachten. Wie im vorhergehenden Arbeitsblatt soll wiederum das grüne Dreieck durch die beiden roten Teildreiecke vollständig überdeckt werden. Durch Schieben von C nach E oder F erhalten wir wieder den Spezialfall des rechtwinkligen Dreiecks.
Mit den neu eingeführten Begriffen Grundseite und Höhe ergibt sich als Flächeninhalt das halbe Produkt aus den Längen von Grundseite und Höhe.

Blatt 2.2: Spitzwinklige Dreiecke

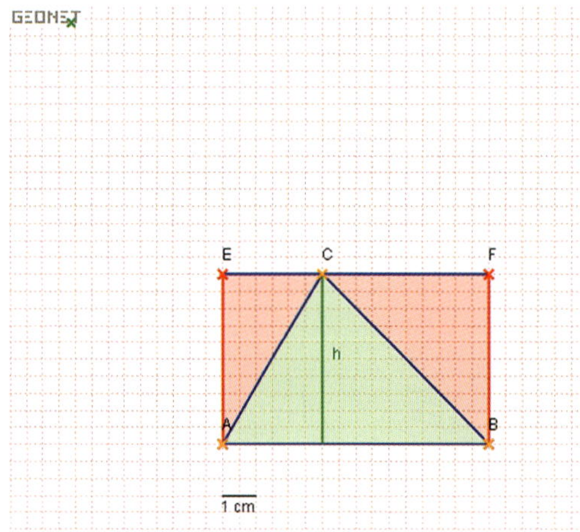

Du siehst die gleiche Abbildung wie auf Blatt 2.1.

- Verschiebe den Punkt C etwas nach links oder rechts. Überdecke wieder das grüne Dreieck mit den beiden roten Dreiecken.

Die Strecke [AB] heißt **Grundseite** c und mit h bezeichnet man die **Höhe** des Dreiecks.

- Versuche, mit den Größen h und c eine Formel zur Berechnung des Flächeninhalts des Dreiecks ABC aufzuschreiben.

Blatt 2.2: Spitzwinklige Dreiecke

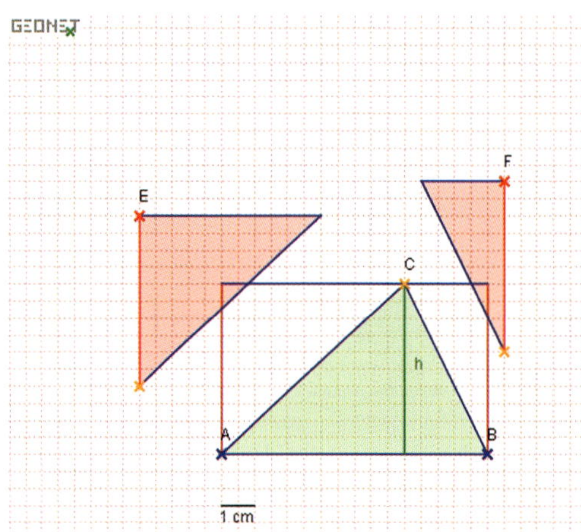

Du siehst die gleiche Abbildung wie auf Blatt 2.1.

- Verschiebe den Punkt C etwas nach links oder rechts. Überdecke wieder das grüne Dreieck mit den beiden roten Dreiecken.

Die Strecke [AB] heißt **Grundseite** c und mit h bezeichnet man die **Höhe** des Dreiecks.

- Versuche, mit den Größen h und c eine Formel zur Berechnung des Flächeninhalts des Dreiecks ABC aufzuschreiben.

Blatt 2.3: Spitzwinklige Dreiecke

GEONExT

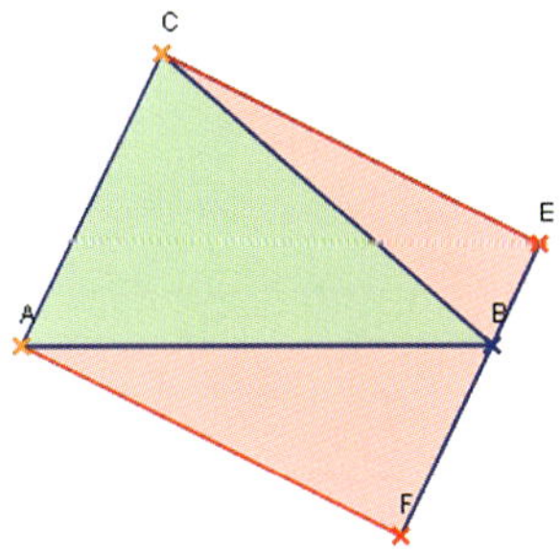

- Überdecke wieder das grüne Dreieck mit den beiden roten Dreiecken.
- Zeichne die Figur in dein Lerntagebuch.
- Notiere eine Formel für den Flächeninhalt des Dreiecks ABC mit Hilfe von b und der zugehörigen Höhe h_b. Versuche diese Formel zu begründen.
- Formuliere in deinem Lerntagebuch eine Regel zur Bestimmung des Flächeninhalts in Worten.

Blatt 2.3: Spitzwinklige Dreiecke

GEONExT

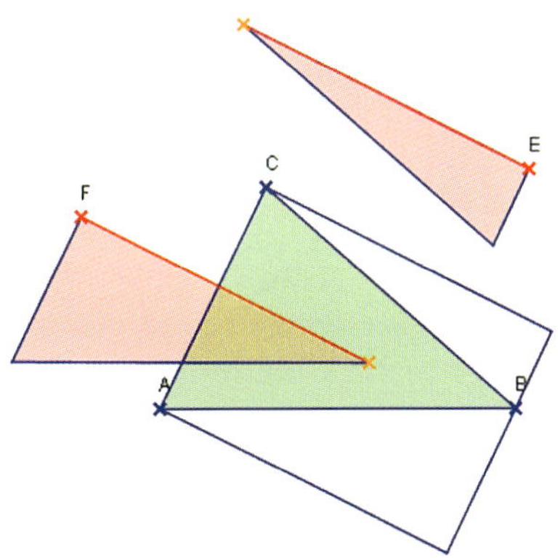

- Überdecke wieder das grüne Dreieck mit den beiden roten Dreiecken.
- Zeichne die Figur in dein Lerntagebuch.
- Notiere eine Formel für den Flächeninhalt des Dreiecks ABC mit Hilfe von b und der zugehörigen Höhe h_b. Versuche diese Formel zu begründen.
- Formuliere in deinem Lerntagebuch eine Regel zur Bestimmung des Flächeninhalts in Worten.

Spitzwinklige Dreiecke

Im Unterschied zu den vorhergehenden Arbeitsblättern betrachten wir jetzt ein Rechteck in allgemeiner Lage. Auch hier soll wieder das grüne Dreieck mit den beiden roten Dreiecken überdeckt werden. Den Schülern soll damit bewusst gemacht werden, dass die Flächenformel nicht nur für waagrecht liegende Grundseiten und nicht nur für die Grundseite [AB] gültig ist. Die Formel soll sowohl in symbolischer Schreibweise als auch in Worten im Lerntagebuch festgehalten werden. Damit sollen das Verständnis der mathematischen Notation und die Ausdrucksfähigkeit gefördert werden.

Spitzwinklige Dreiecke – Zusammenfassung

Hier wird nochmals zusammengefasst, dass zur Flächenberechnung des Dreiecks jede Seite mit der zugehörigen Höhe herangezogen werden kann. Durch Klicken auf einen der Buttons wird eine bestimmte Grundseite ausgewählt. In der Figur wird dann diese Grundseite mit der entsprechenden Höhe farblich hervorgehoben und die Formel wird angezeigt.

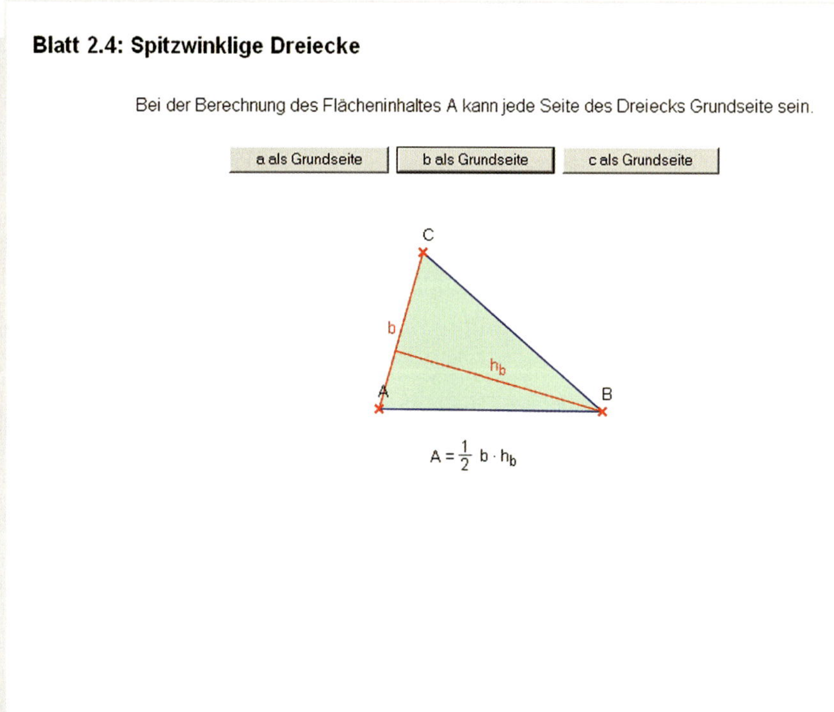

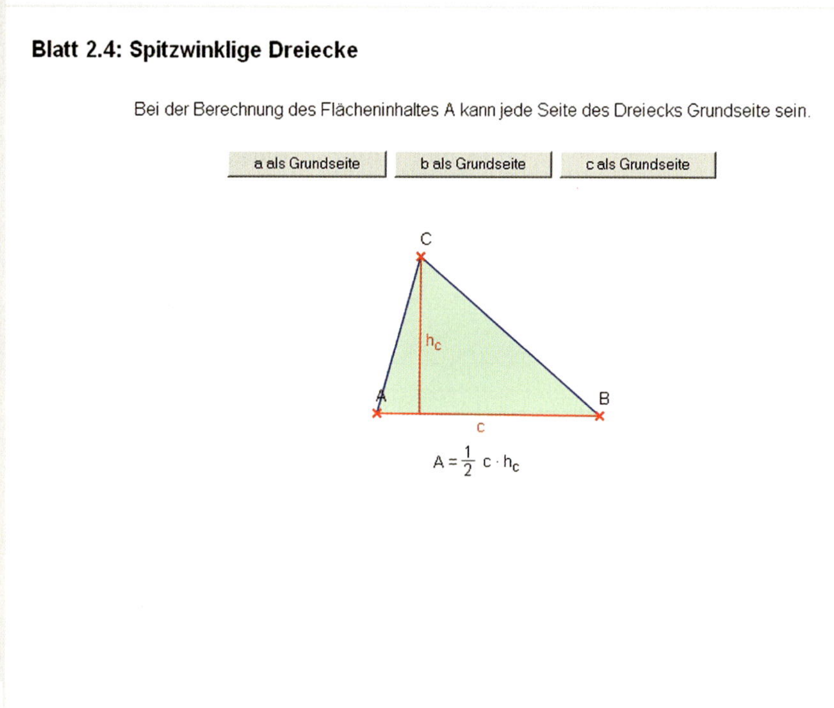

Blatt 3.1: Stumpfwinklige Dreiecke

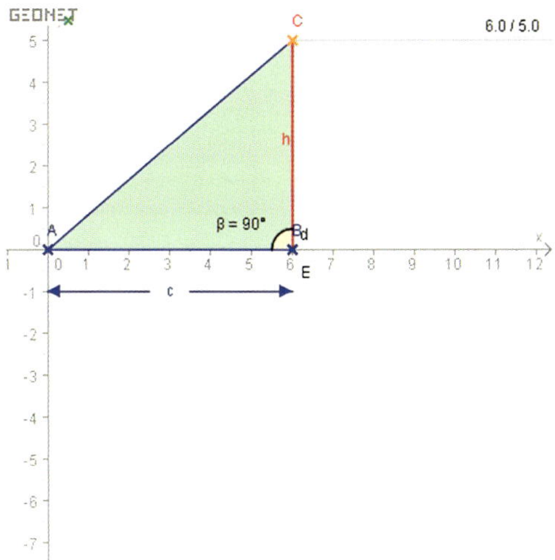

Erinnere dich:
Wie berechnet man den Flächeninhalt rechtwinkliger Dreiecke?

Antwort

- Bewege den Punkt C nach rechts, der Winkel β wird stumpf.
- Verschiebe C so, dass die Länge d der Strecke [BE] 3 LE beträgt.
- Zeichne die Figur in dein Lerntagebuch.
- Bestimme den Flächeninhalt des grünen Dreiecks mit Hilfe der Dreiecke AEC und BEC.

Tipp

Blatt 3.1: Stumpfwinklige Dreiecke

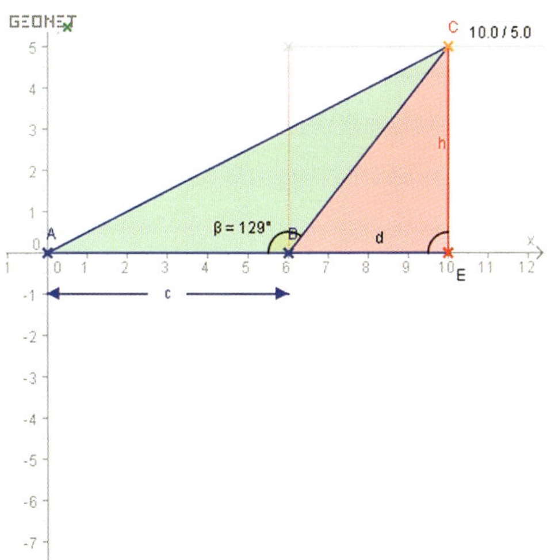

Erinnere dich:
Wie berechnet man den Flächeninhalt rechtwinkliger Dreiecke?

Antwort

- Bewege den Punkt C nach rechts, der Winkel β wird stumpf.
- Verschiebe C so, dass die Länge d der Strecke [BE] 3 LE beträgt.
- Zeichne die Figur in dein Lerntagebuch.
- Bestimme den Flächeninhalt des grünen Dreiecks mit Hilfe der Dreiecke AEC und BEC.

Tipp

Stumpfwinklige Dreiecke

Dieser Fall lässt sich auf die Berechnung rechtwinkliger Dreiecke zurückführen. Ausgehend von dem rechtwinkligen Dreieck ABC wird der Eckpunkt C nach rechts verschoben, es entsteht ein stumpfwinkliges Dreieck. An einem konkreten Beispiel soll der Flächeninhalt des grünen stumpfwinkligen Dreiecks aus der Differenz der Inhalte zweier rechtwinkliger Dreiecke berechnet werden.
Ein Vergleich dieses Ergebnisses mit dem Flächeninhalt des rechtwinkligen Ausgangsdreiecks schließt sich an.

Stumpfwinklige Dreiecke

Als Wiederholung der Vorgehensweise wird nun ein weiteres stumpfwinkliges Dreieck erzeugt und dessen Flächeninhalt berechnet. Dann erfolgt der Übergang zur allgemeinen Darstellung, indem an Stelle konkreter Längenangaben die Bestimmung des Flächeninhalts mit den entsprechenden Variablen erfolgt. Es zeigt sich, dass die bereits bekannte Formel für stumpfwinklige Dreiecke ebenfalls gilt, auch wenn die Höhe nicht immer innerhalb des Dreiecks verläuft.
Zum Nachdenken regt die abschließende Aufforderung an, andere Vorgehensweisen zur Bestimmung des Flächeninhalts stumpfwinkliger Dreiecke aufzufinden und zu beschreiben.

Blatt 3.2: Stumpfwinklige Dreiecke

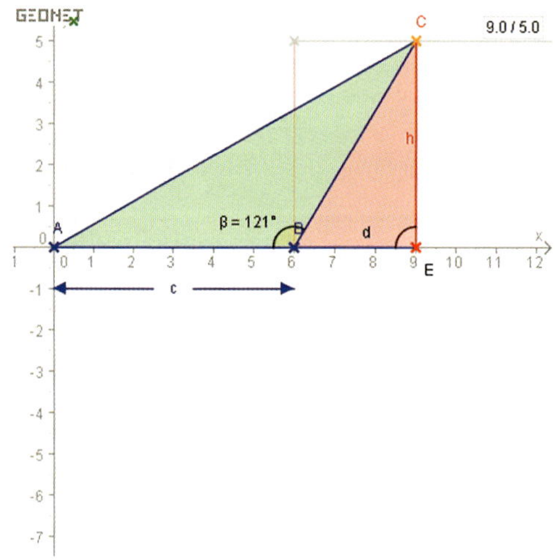

Du siehst die gleiche Figur wie auf Blatt 3.1.

- Verschiebe C so, dass d = 4 LE beträgt. Berechne wieder den Flächeninhalt des grünen Dreiecks (im Lerntagebuch!) und vergleiche mit dem Ergebnis von Blatt 3.1.
- Stelle im Lerntagebuch eine Formel für den Flächeninhalt des grünen stumpfwinkligen Dreiecks ABC auf, indem du anstelle konkreter Längeneinheiten die Buchstaben c, d und h verwendest.
- Überlege andere Möglichkeiten zur Bestimmung des Flächeninhaltes eines stumpfwinkligen Dreiecks. Notiere deine Ideen (mit Skizzen) in dein Lerntagebuch.

Blatt 4: Weiterführende Problemstellung

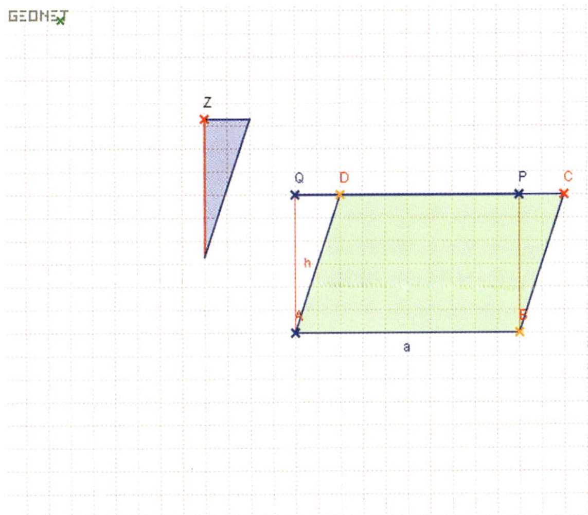

- Führe das Rechteck durch Ziehen an der linken oberen Ecke in ein Parallelogramm über. Gleichzeitig entsteht auf der Zeichenfläche ein rechtwinkliges Dreieck. Durch Ziehen an B lässt sich die Lage des Rechtecks verändern.
- Veranschauliche durch geeignetes Verschieben des rechtwinkligen Dreiecks die Flächengleichheit von Rechteck und Parallelogramm.
- Begründe im Lerntagebuch eine Formel zur Berechnung des Flächeninhalts eines Parallelogramms.

Weiterführende Problemstellung

Mithilfe eines rechtwinkligen Dreiecks lässt sich anschaulich zeigen, dass der Flächeninhalt eines Rechtecks mit dem eines entsprechenden Parallelogramms (gleichlange Grundseite und Höhe) übereinstimmt.
Zunächst ist nur ein Rechteck zu sehen. Durch Ziehen am linken oberen Eckpunkt kommt ein Parallelogramm ABCD zum Vorschein. Gleichzeitig entsteht aus der ursprünglich sichtbaren Stecke ein blaues rechtwinkliges Dreieck.
Mit diesem blauen Dreieck lassen sich die beiden Teildreiecke im Innern der Figur ABPD überdecken. Damit erkennt man, dass die Flächeninhalte des Rechtecks und des Parallelogramms übereinstimmen. Diese Aussage soll mit Begründung im Lerntagebuch aufgeschrieben werden.

Flächeninhalt von Dreiecken

Rechtwinklige Dreiecke

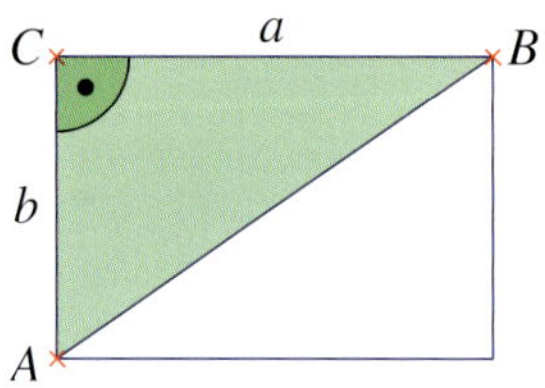

Jedes rechtwinklige Dreieck ist ein halbes Rechteck:

$$A_{\Delta ABC} = \frac{1}{2}\, a \cdot b$$

Der Flächeninhalt von rechtwinkligen Dreiecken ergibt sich aus dem halben Produkt der Kathetenlängen.

Spitzwinklige Dreiecke

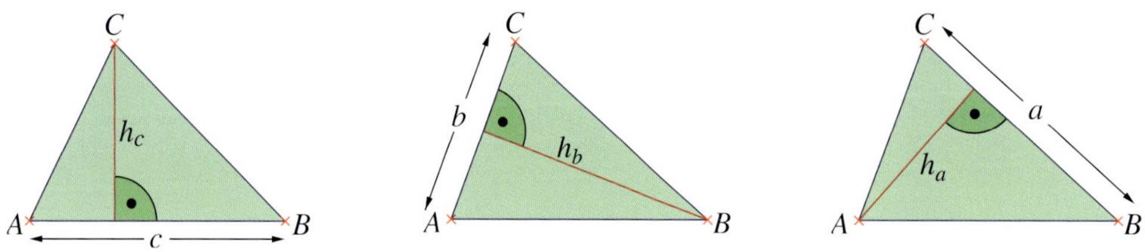

Jedes Dreieck besitzt drei Höhen h_a, h_b und h_c.
Es lässt sich jeweils an einer Dreieckshöhe in zwei rechtwinklige Dreiecke zerlegen:

$$A_{\Delta ABC} = \frac{1}{2}\, c \cdot h_c = \frac{1}{2}\, b \cdot h_b = \frac{1}{2}\, a \cdot h_a$$

Der Flächeninhalt von spitzwinkligen Dreiecken ergibt sich aus dem halben Produkt einer Seitenlänge und der Länge der zugehörigen Höhe.

Stumpfwinklige Dreiecke

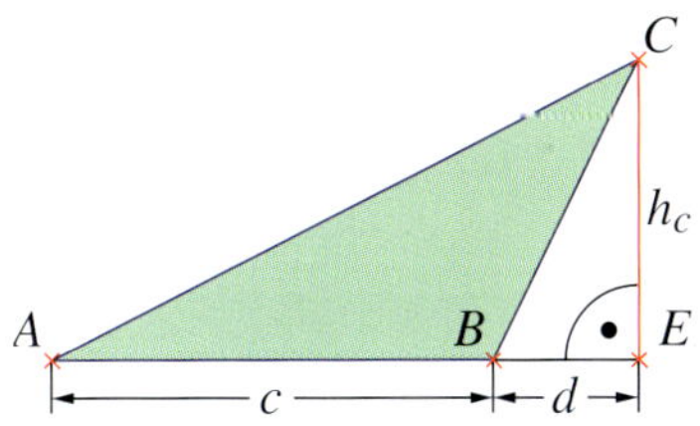

Die Höhe h_c auf die Grundlinie c liegt außerhalb des Dreiecks ABC.

$$A_{\Delta ABC} = A_{\Delta AEC} - A_{\Delta BEC}$$

$$= \frac{1}{2}(c + d) \cdot h_c - \frac{1}{2} d \cdot h_c$$

$$A_{\Delta ABC} = \frac{1}{2} c \cdot h_c$$

Zusammenfassung

Den Flächeninhalt von beliebigen Dreiecken errechnet man aus dem halben Produkt einer Seitenlänge und der Länge der zugehörigen Höhe.

Satz des Thales

Von der Kreislinie aus sieht man den zugehörigen Durchmesser unter einem rechten Winkel.

Diese elementare Aussage wird (ohne fundierten Beleg) mit dem ionischen Philosophen Thales von Milet (ca. 620 bis ca. 540 v. Chr.) in Verbindung gebracht und nimmt einen festen Platz in vielen Lehrplänen ein.

Die Person des Thales sollte aber auch zu kulturhistorischen Betrachtungen anregen. Literatur hierzu findet sich beispielsweise in den beiden Büchern:
P. Baptist: Pythagoras und kein Ende? – Klett 1997, S. 70 ff.
H. Heuser: Als die Götter lachen lernten – Piper 1992, S. 43 ff.

Inhalt

- Experimentieren und Winkel messen
- Vermutung und Beweisstrategie
- Beweis
- Umkehrung des Satzes

Zeitrahmen

1 Stunde

Material

- Geodreieck
- Zirkel
- Lerntagebuch

Experimentieren

Die Schüler sollen durch Ausprobieren eigenständig zu einer Vermutung gelangen, wobei sie in ihrem Lerntagebuch zusätzlich eine Skizze anfertigen und ihre Überlegungen aufschreiben. Das Arbeitsblatt zeigt das Dreieck ABC mit Umkreis, die Seite [AB] ist Durchmesser des Kreises. Rechts neben der Figur sind die Größen der Innenwinkel des Dreiecks angezeigt. Der Eckpunkt C lässt sich mit der Maus auf der Kreislinie bewegen. Dadurch entstehen neue Dreiecke. Die Größen der Innenwinkel bei A und B ändern sich, der Winkel bei C misst immer 90°.

Blatt 1: Experimentieren

Die Endpunkte A und B eines Kreisdurchmessers sind mit einem beliebigen Punkt C auf der Kreislinie verbunden.

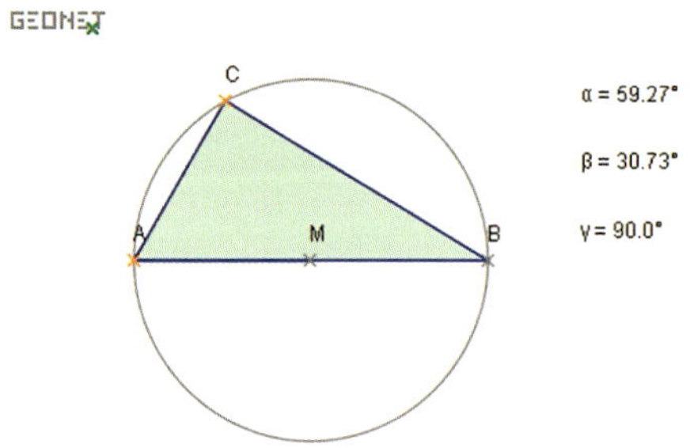

- Bewege C auf der Kreislinie.
- Beobachte dabei die Größe der Innenwinkel des Dreiecks ABC.
- Schreibe eine Vermutung in dein Lerntagebuch.

Blatt 2: Vermutung und Beweisstrategie

Vergleiche mit deiner Vermutung:

Ein Dreieck, dessen Ecken so auf einem Kreis liegen, dass eine Seite Kreisdurchmesser ist, besitzt einen rechten Winkel.

Dieses Ergebnis wird Thales von Milet (ca. 620 - ca. 540 v. Chr.) zugeschrieben, aber diese Feststellung steht auf äußerst wackeligen Füßen.

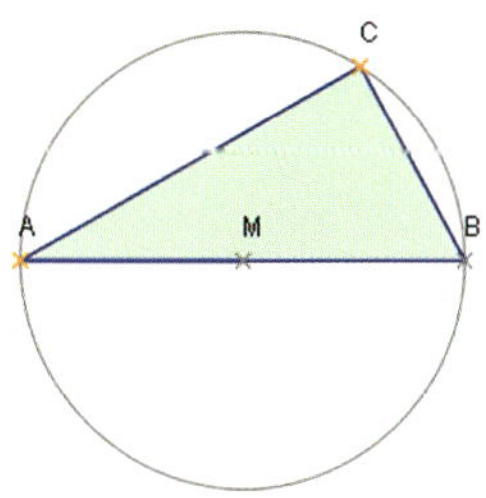

- Versuche die Vermutung zu begründen.

Arbeite mit der Strategie:
Verwenden einer geeigneten Hilfslinie.
Dazu wird der Eckpunkt C mit dem Mittelpunkt M der Seite [AB] verbunden.

Tipp

Vermutung und Beweisstrategie

Das zweite Blatt ermöglicht einen Vergleich der eigenen Vermutung mit der Formulierung auf dem Arbeitsblatt. Anschließend sollen die Schüler eigenständig eine Begründung erarbeiten. Dazu wird die Strategie vorgegeben: Wähle eine geeignete Hilfslinie. Mit dem Mouseover-Effekt („Überstreichen“ der farblich hervorgehobenen Wörter mit der Maus) kann man diese Hilfslinie sichtbar machen. Hinter dem Tipp-Button verbergen sich zwei weitere Hinweise zum Beweis: „Gleichschenklige Dreiecke“ und „Winkelsumme im Dreieck“.

Beweis

Dieses Arbeitsblatt zeigt den vollständigen Beweis. Durch den Mouseover-Effekt lassen sich die entscheidenden Teildreiecke farblich hervorheben. Dieses Blatt dient zur Kontrolle und Ergänzung der Beweisversuche der Schüler. Der Beweis des Satzes des Thales kann also auch im Unterrichtsgespräch oder im Rahmen eines Schülervortrages erarbeitet werden, wobei natürlich die Beweise bzw. Beweisversuche der Schüler entsprechend einbezogen werden sollen.

Blatt 3: Beweis

Ein Dreieck, dessen Ecken so auf einem Kreis liegen, dass eine Seite Kreisdurchmesser ist, besitzt einen rechten Winkel.

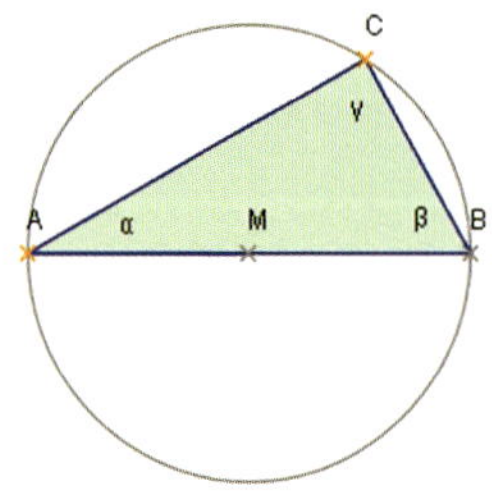

$\beta = \sphericalangle CBA = \sphericalangle MCB$ (ΔBCM gleichschenklig)

$\alpha = \sphericalangle BAC = \sphericalangle ACM$ (ΔAMC gleichschenklig)

$\rightarrow \gamma = \alpha + \beta$

$180° = \alpha + \beta + \gamma = \gamma + \gamma$

$\rightarrow \gamma = 90°$

Blatt 3: Beweis

Ein Dreieck, dessen Ecken so auf einem Kreis liegen, dass eine Seite Kreisdurchmesser ist, besitzt einen rechten Winkel.

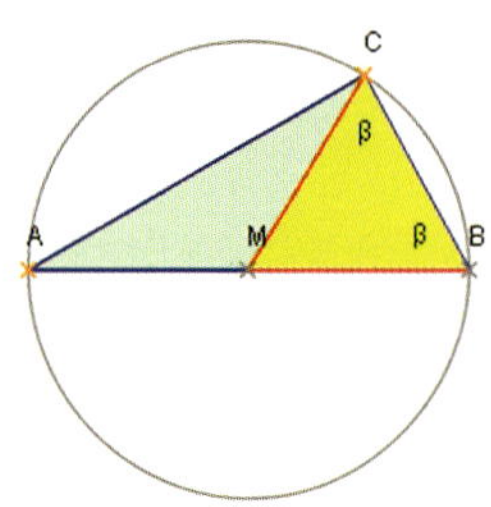

$\beta = \sphericalangle CBA = \sphericalangle MCB$ (ΔBCM gleichschenklig)

$\alpha = \sphericalangle BAC = \sphericalangle ACM$ (ΔAMC gleichschenklig)

$\rightarrow \gamma = \alpha + \beta$

$180° = \alpha + \beta + \gamma = \gamma + \gamma$

$\rightarrow \gamma = 90°$

Blatt 4: Umkehrung

- Wie lautet die Umkehrung des Satzes des Thales?
  Notiere eine Vermutung in dein Lerntagebuch.

GEONExT

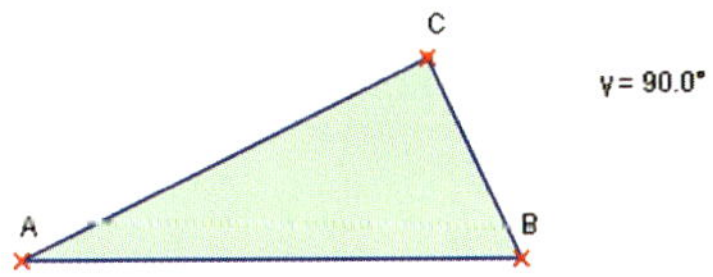

- Versuche, den Punkt C so zu bewegen, dass der Winkel γ stets 90° misst. (Ein Klick auf obiges Symbol GEONExT löscht die Spur.)
- Hier lässt sich der Thaleskreis ein- und ausblenden:

Thaleskreis

Vergleiche mit deiner gezeichneten Spur.

Weiterführende Fragestellung

Wie lautet die Umkehrung des Satzes des Thales?
Hier sollen die Schüler die Umkehrung des Lehrsatzes zunächst formulieren. Anschließend sollen sie den Eckpunkt C des Dreiecks ABC so bewegen, dass das eingeblendete Winkelmaß γ für möglichst 90° beträgt. Die Spur des Punktes C wird dabei aufgezeichnet (Klicken auf das GEONExT – Logo löscht die Spur). Einen Vergleich der selbst gezeichneten Spur mit dem Thaleskreis ermöglicht ein Klick auf den Button „Thaleskreis“.

Satz des Thales

Ein Dreieck, dessen Ecken so auf einem Kreis liegen, dass eine Seite Durchmesser ist, besitzt einen rechten Winkel.

Strategie

Verwende eine geeignete Hilfslinie, hier [CM].

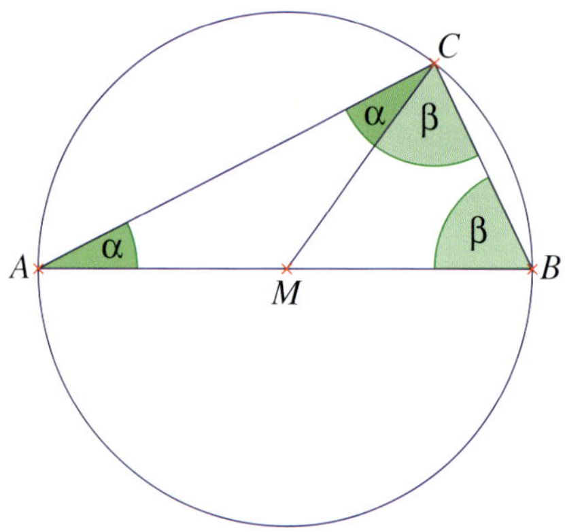

Beweis

$\beta = \sphericalangle CBA = \sphericalangle MCB$ (ΔBCM gleichschenklig)

$\alpha = \sphericalangle BAC = \sphericalangle ACM$ (ΔAMC gleichschenklig)

$\sphericalangle ACB = \gamma = \alpha + \beta$

$180° = \alpha + \beta + \gamma = \gamma + \gamma$

$\Rightarrow \gamma = 90°$

Historische Notiz

Dieses Ergebnis wird Thales von Milet (ca. 620 - ca. 540 v.Chr.) zugeschrieben, aber diese Feststellung steht auf äußerst wackeligen Füßen.

Umfangswinkelsatz

Vom Spezialfall (Satz des Thales) gehen wir – ganz in der Tradition mathematischer Vorgehensweise – zum allgemeinen Fall über. Ausgangspunkt ist somit ein Dreieck mit Umkreis, wobei die Seite [AB] Kreisdurchmesser ist. Durch Bewegen von A und/oder B auf der Kreislinie geht der Durchmesser in eine Sehne über. Im Folgenden bleiben die veränderten Punkte A und B fest, C wandert dagegen auf der Kreislinie. Dabei sollen die eingeblendeten Größen der Innenwinkel des Dreiecks beobachtet werden. Ziel ist es, den Kreisbogen als Ort gleich großer Winkel zu erkennen.

Inhalt

- Wiederholung: Satz des Thales
- Umfangswinkelsatz
- Mittelpunktswinkel – Umfangswinkel
- Vermutung und Beweis
- Weiterführende Fragestellung: Umkehrung des Umfangswinkelsatzes

Zeitrahmen

1–2 Doppelstunden

Material

- Geodreieck
- Zirkel
- Lerntagebuch

Wiederholung

Die Schüler haben hier die Möglichkeit, sich die Aussage des Satzes des Thales experimentell an verschiedenen rechtwinkligen Dreiecksformen in Erinnerung zu rufen. Der Eckpunkt A lässt sich auf dem Kreis bewegen, die Seite [AB] bleibt aber stets Durchmesser.
Eine selbständige Kontrolle der Formulierung des Lehrsatzes ist mittels eines Popup-Fensters möglich.
Die Aufforderung sich zu überlegen, was sich ändert, wenn die Seite [AB] nicht mehr Durchmesser ist, leitet zum nächsten Blatt der Lernumgebung über.

Blatt 1: Wiederholung

Wir betrachten ein Dreieck, bei dem eine Seite Durchmesser des Umkreises ist.

- Bewege C auf der Kreislinie und beobachte die Größen der Innenwinkel.
- Formuliere eine Vermutung.

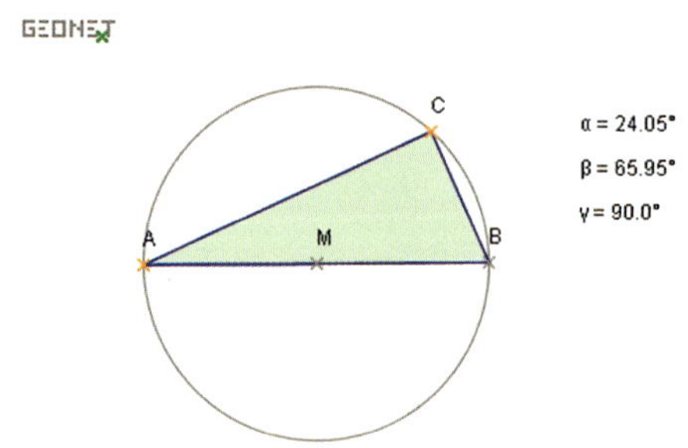

- Wie lautet die Aussage des Satzes des Thales?

Was ändert sich, wenn die Seite [AB] nicht mehr Durchmesser ist?

Blatt 2.1: Umfangswinkelsatz

- Verschiebe A oder B so, dass die Seite [AB] nicht mehr Durchmesser ist.
- Bewege C auf der Kreislinie und beobachte die Größe des Winkels γ.

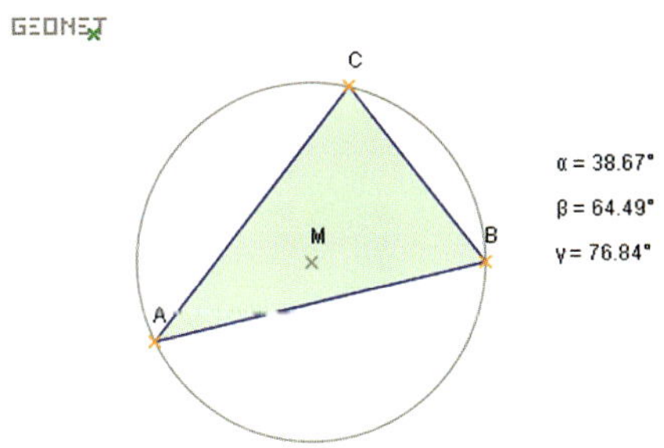

- Notiere deine Beobachtungen und erstelle aussagekräftige Skizzen.
- Vergleiche mit dem Satz des Thales.
- Schreibe Vermutungen in dein Lerntagebuch.

Experimente

Die einzelnen Arbeitsanweisungen führen zum Experimentieren, Beobachten, Skizzieren und Formulieren von Vermutungen. Die Schüler haben hier die Gelegenheit, Eigenschaften des Umfangswinkels zu entdecken. Der Begriff selbst wird auf dem folgenden Arbeitsblatt eingeführt.

Vermutung

Hier wird zunächst der Begriff Umfangswinkel definiert. Der Mouseover-Effekt hebt die einzelnen Umfangswinkel deutlich hervor. Die Schüler haben die Möglichkeit, ihre aus den vorhergehenden geometrischen Experimenten gewonnenen Vermutungen mit den angegebenen Aussagen bezüglich der Umfangswinkel zu vergleichen.

Blatt 2.2: Vermutung

Der Winkel, unter dem man eine Sehne von einem Punkt auf der Kreislinie aus sieht, heißt **Umfangswinkel**.

GEONExT

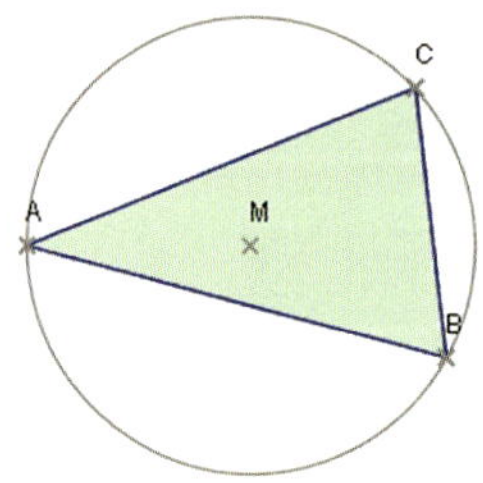

Umfangswinkel über [AB]

Umfangswinkel über [BC]

Umfangswinkel über [CA]

Vergleiche mit deinen Vermutungen:

Alle Umfangswinkel auf derselben Seite einer Sehne sind gleich groß.
Zwei Umfangswinkel auf verschiedenen Seiten einer Sehne ergänzen sich zu 180°.

Blatt 3.1: Mittelpunktswinkel - Umfangswinkel

Der Winkel μ= ∢AMB heißt **Mittelpunktswinkel** über [AB].

- Bewege C auf der Kreislinie und beobachte dabei Umfangswinkel γ und Mittelpunktswinkel μ.

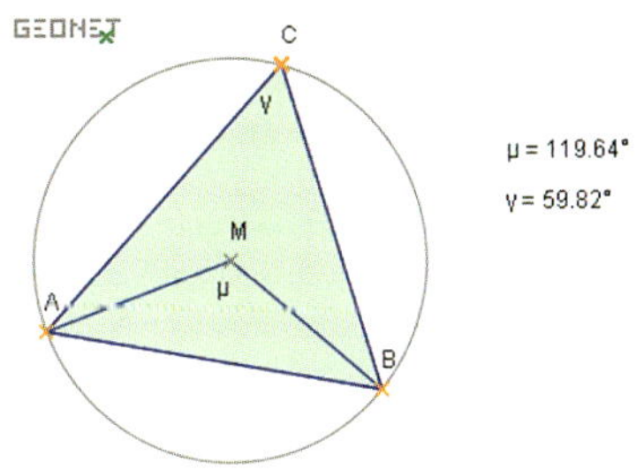

- Verändere die Lage von A oder B und beobachte wieder die Größe der Winkel γ und μ. (Beachte: Der Umkreismittelpunkt M soll im Innern des Dreiecks ABC liegen.)
- Notiere deine Beobachtungen (mit Skizzen).
- Formuliere Vermutungen im Lerntagebuch.

Mittelpunktswinkel – Umfangswinkel

Auf diesem Arbeitsblatt geht es um den Zusammenhang zwischen Umfangs- und Mittelpunktswinkel. Durch Bewegen von A und/oder B lässt sich die Form des Dreiecks variieren. Anschließend sollen die Größen der Winkel bei C (wobei der Punkt C auf der Kreislinie bewegt werden kann) und der Mittelpunktswinkel verglichen werden.

Vermutung und Beweisstrategie

Um mit den eigenen Überlegungen vergleichen zu können, zeigt dieses Arbeitsblatt zuerst die aus dem vorhergehenden Blatt resultierende Vermutung. Den Beweis führen wir an einem Dreieck, bei dem der Umkreismittelpunkt im Innern liegt. Für diesen Fall soll der Zusammenhang zwischen Mittelpunkts- und Umfangswinkel nachgewiesen werden. Um den Zugang zum Beweis zu erleichtern, wird die Strategie angegeben (auch mit Mouseover-Effekt). Zusätzliche Hinweise erscheinen in einem Fenster (Tipp).

Blatt 3.2: Vermutung und Beweisstrategie

Vergleiche mit deinen Vermutungen:

Der Mittelpunktswinkel ist doppelt so groß wie der Umfangswinkel.

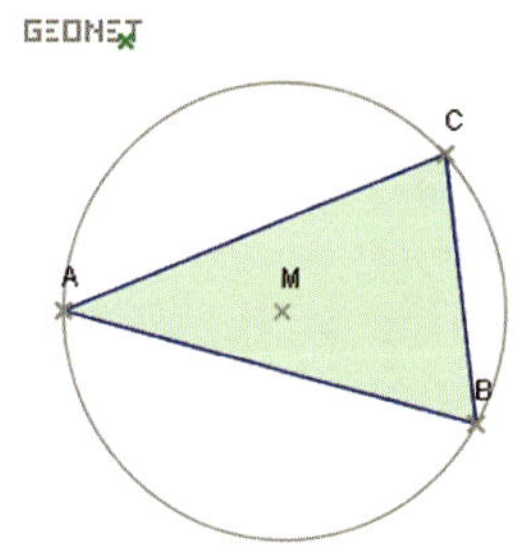

- Versuche die Vermutung für den Fall zu begründen, dass der Umkreismittelpunkt im Innern des Dreiecks liegt.

Der Beweis erfolgt mit Hilfe der Strategie:
Verwende geeignete Hilfslinien.
Dazu verbindet man die Eckpunkte A, B und C mit dem Mittelpunkt M.

Tipp

Blatt 3.2: Vermutung und Beweisstrategie

Vergleiche mit deinen Vermutungen:

Der Mittelpunktswinkel ist doppelt so groß wie der Umfangswinkel.

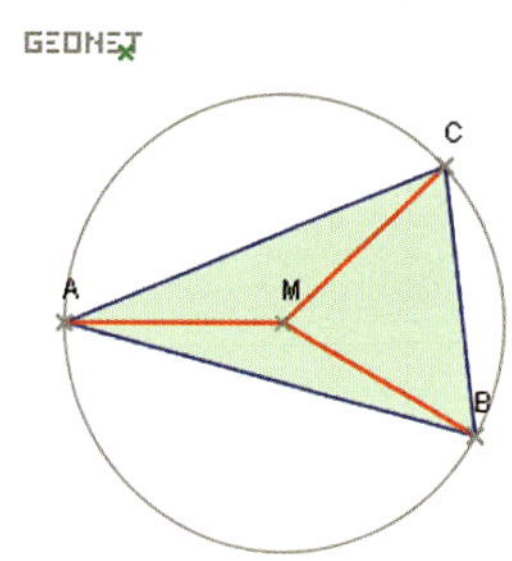

- Versuche die Vermutung für den Fall zu begründen, dass der Umkreismittelpunkt im Innern des Dreiecks liegt.

Der Beweis erfolgt mit Hilfe der Strategie:
Verwende geeignete Hilfslinien.
Dazu verbindet man die Eckpunkte A, B und C mit dem Mittelpunkt M.

Tipp

Blatt 3.3: Beweis

Der Mittelpunktswinkel ist doppelt so groß wie der Umfangswinkel.

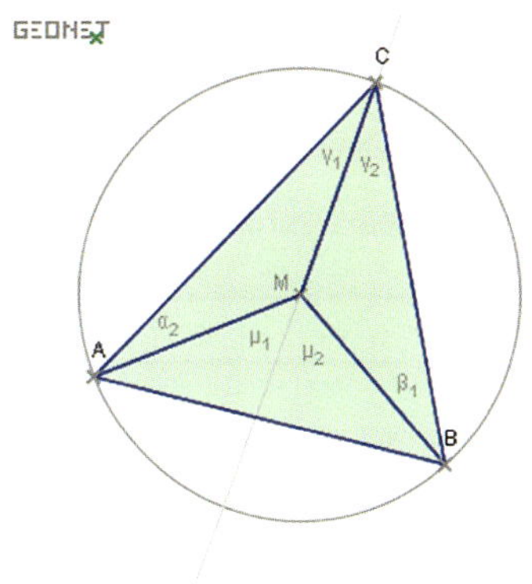

Betrachte zunächst das Dreieck AMC:

$\mu_1 = \alpha_2 + \gamma_1$ (μ_1 Außenwinkel)

$\alpha_2 = \gamma_1$ (ΔAMC gleichschenklig)

$\rightarrow \mu_1 = 2\gamma_1$ (*)

Betrachte ebenso das Dreieck MBC:

$\mu_2 = \beta_1 + \gamma_2$ (μ_2 Außenwinkel)

$\beta_1 = \gamma_2$ (ΔMBC gleichschenklig)

$\rightarrow \mu_2 = 2\gamma_2$ (**)

Aus den Ergebnissen (*) und (**) folgt:

$\mu = \mu_1 + \mu_2 = 2\gamma_1 + 2\gamma_2 = 2\gamma$

Beweis

Zum Überprüfen und Ergänzen der Beweisversuche der Schüler ist hier der vollständige Beweis wiedergegeben. Das Verständnis wird durch Mouse-over-Effekte erleichtert. Dieser Beweis liegt auch im PDF-Format zum Ausdrucken und Einkleben in das Lerntagebuch vor (in der Lernumgebung unter „Übersicht“, hier Seite 60).

Mittelpunktswinkel – Umfangswinkel

Zunächst sollen die Schüler herausfinden, welche Lagen für den Umkreismittelpunkt noch vorkommen können. In Anlehnung an die bisherige Beweisführung sollen die noch ausstehenden Fälle (Umkreismittelpunkt auf einer Dreiecksseite bzw. außerhalb des Dreiecks) bewiesen werden. Beim dritten Fall ist noch zu berücksichtigen, dass der Umfangswinkel auch unterhalb der Dreiecksseite liegen kann. Abschließend muss noch im Lerntagebuch begründet werden, warum mit dem Ergebnis über den Zusammenhang zwischen Mittelpunkts- und Umfangswinkel insgesamt der sogenannte Umfangswinkelsatz gezeigt ist.

Blatt 3.4: Mittelpunktswinkel - Umfangswinkel

Bislang haben wir Dreiecke betrachtet, bei denen der Umkreismittelpunkt im Innern liegt.

Welche Lagen sind für den Umkreismittelpunkt noch möglich?

- Notiere deine Überlegungen mit aussagekräftigen Skizzen in dein Lerntagebuch.

Tipp

- Versuche in Anlehnung an den Beweis von Blatt 3.3 entsprechende Beweise für die beiden weiteren Fälle zu formulieren.
- Überlege, warum wir jetzt den sog. Umfangswinkelsatz bewiesen haben.

Alle Umfangswinkel auf derselben Seite einer Sehne sind gleich groß.

Tipp

Blatt 4: Weiterführende Fragestellung

- Versuche den Punkt C so zu bewegen, dass der angezeigte Winkel möglichst gleich bleibt.
- Entdecke die Umkehrung des Umfangswinkelsatzes und formuliere die entsprechende Aussage in deinem Lerntagebuch.

GEONExT

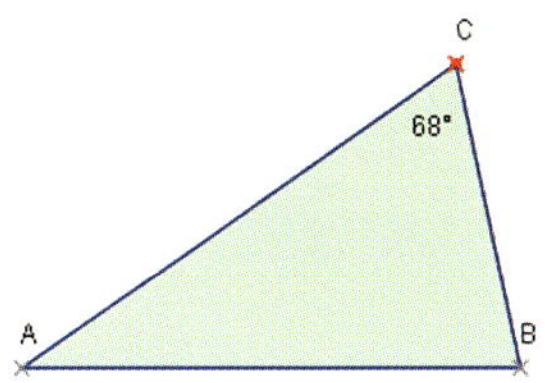

Spur löschen | Spur aus | Spur ein | Hilfsobjekte ein | Hilfsobjekte aus

Weiterführende Fragestellung

Hier soll die Umkehrung des Umfangswinkelsatzes experimentell entdeckt werden. Der Winkel bei C ist frei einstellbar, über entsprechende Buttons unterhalb des Dreiecks können die Spur von C oder der zugehörige Hilfskreis ein- bzw. ausgeschaltet werden. Durch Anklicken des Wortes „Umfangswinkelsatz" erscheint in einem (Pop-up)-Fenster die Formulierung des Lehrsatzes.

Umfangswinkelsatz

Der Mittelpunktswinkel ist doppelt so groß wie der Umfangswinkel.

Spezialfall

Der Umkreismittelpunkt liegt im Innern des Dreiecks.

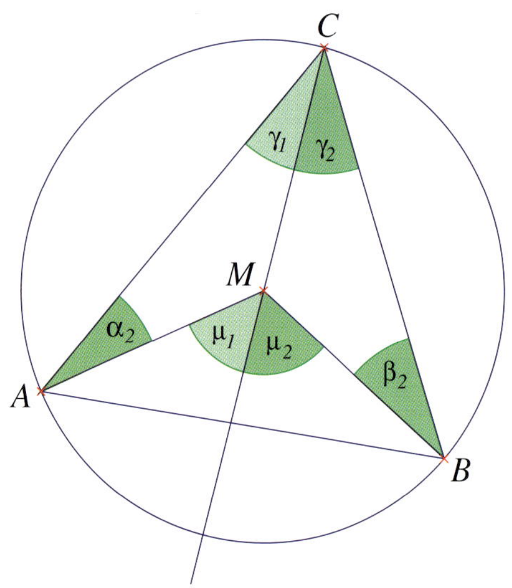

Beweis

$\mu = \mu_1 + \mu_2$ (Mittelpunktswinkel)

$\gamma = \gamma_1 + \gamma_2$ (Umfangswinkel)

$\mu_1 = \alpha_2 + \gamma_1$ (μ_1 Außenwinkel)

$\alpha_2 = \gamma_1$ ($\triangle$ AMC gleichschenklig)

$\Rightarrow \mu_1 = 2\,\gamma_1$ (*)

$\mu_2 = \beta_2 + \gamma_2$ (μ_2 Außenwinkel)

$\beta_2 = \gamma_2$ ($\triangle$ MBC gleichschenklig)

$\Rightarrow \mu_2 = 2\,\gamma_2$ (**)

Aus (*) und (**) folgt: $\mu = \mu_1 + \mu_2 = 2\,\gamma_1 + 2\,\gamma_2 = 2\,\gamma$

Sehnen-Tangenten-Winkel

Bei dem Übergang vom Satz des Thales zum Umfangswinkelsatz haben die Schüler eine oftmals praktizierte Vorgehensweise in der Mathematik kennen gelernt, nämlich das Verallgemeinern einer Aussage. Experimentell ist dies ein kleiner Schritt: Ein Eckpunkt des Dreiecks wird so verschoben, dass die Grundseite nicht mehr Durchmesser ist.

Der Lernumgebung zum Sehnen-Tangenten-Winkel liegt dasselbe Muster (Verallgemeinern) zugrunde. Wir wissen, dass eine Tangente senkrecht auf dem Kreisdurchmesser steht (spezieller Sehnen-Tangenten-Winkel). Was passiert, wenn die Grundseite des Dreiecks nicht mehr Durchmesser ist? Bleibt dann die Gleichheit mit dem Umfangswinkel bestehen?

Inhalt

- Spezialfall: rechter Winkel
- Allgemeiner Fall: Experimentieren und Entdecken
- Umfangswinkel und Sehnen-Tangenten-Winkel
- Beweis

Zeitrahmen

1 Stunde

Material

- Geodreieck
- Zirkel
- Lerntagebuch

Spezialfall

Da eine Tangente senkrecht auf dem Kreisdurchmesser steht und man diesen von der Kreislinie aus unter einem rechten Winkel sieht (Satz des Thales), gilt: Der Sehnen (= Durchmesser)-Tangenten-Winkel stimmt mit dem Winkel bei C überein. Ob dieser Zusammenhang auch noch besteht, wenn [AB] nicht mehr Kreisdurchmesser ist, wird auf dem nächsten Arbeitsblatt erörtert.

Blatt 1: Spezialfall

In der Figur ist eine Tangente an den Kreis gezeichnet.

- Warum sind die Winkel PAB und ACB gleich groß?

Tipp

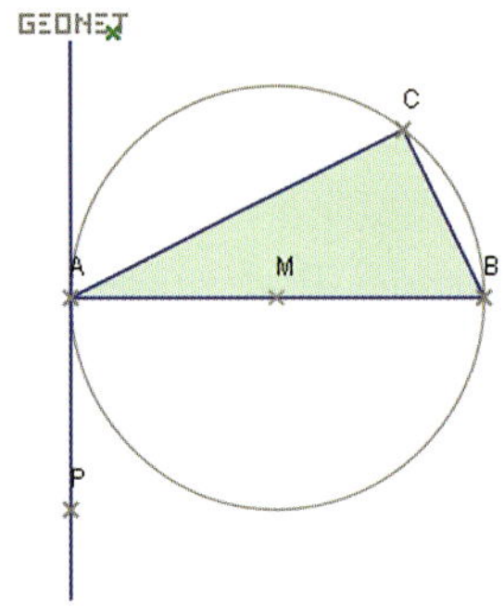

Was ändert sich, wenn [AB] nicht mehr Durchmesser ist?

Blatt 2: Experimentieren und Entdecken

- Verschiebe den Punkt A so, dass [AB] nicht mehr Durchmesser ist.
- Beobachte die Größen der Winkel δ und γ.

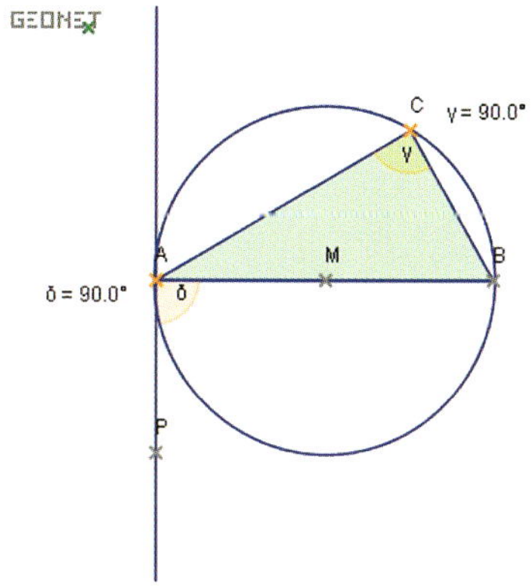

- Notiere deine Beobachtungen und erstelle aussagekräftige Skizzen.
- Formuliere Vermutungen.

Experimentieren und Entdecken

Um die abschließende Frage von Blatt 1 zu beantworten, wird jetzt experimentiert und beobachtet. Im Lerntagebuch sollen Skizzen angefertigt sowie Vermutungen formuliert werden.

Vermutung

Die Schüler können ihre eigenen Vermutungen mit der angegebenen Formulierung vergleichen. Die eigenständigen Beweisversuche werden durch die Angabe der Strategie (Mouseover-Effekt blendet die Hilfslinie ein) und – bei Bedarf – durch Hinweise im Popup-Fenster unterstützt (Tipp).

Blatt 3: Vermutung

Der Winkel δ zwischen der Sehne [AB] und der Tangente an den Kreis im Punkt A heißt **Sehnen-Tangenten-Winkel**.

Vergleiche mit deinen Vermutungen:

Der Umfangswinkel und der zugehörige Sehnen-Tangenten-Winkel sind gleich groß.

GEONExT

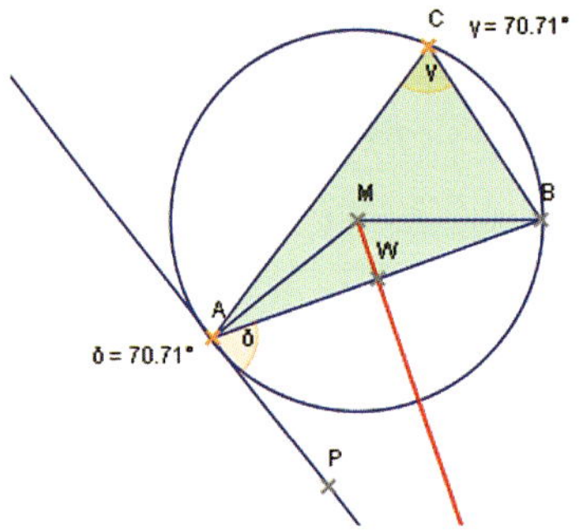

- Versuche die Vermutung zu begründen.

  Arbeite mit der Strategie:
  Verwenden einer geeigneten Hilfslinie.
  Dazu zeichnet man die Halbierende des Mittelpunktswinkels ein.

Tipp

Blatt 4: Beweis

Der Umfangswinkel und der zugehörige Sehnen-Tangenten-Winkel sind gleich groß.

GEONExT

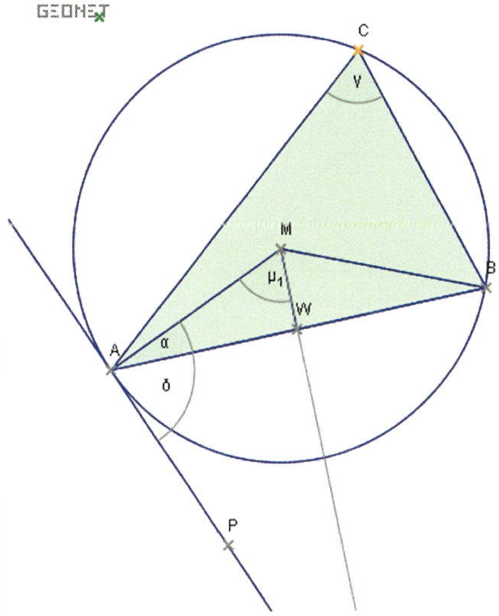

$\mu_1 = 1/2\ \mu$
([MW Winkelhalbierende)

$\sphericalangle MWA = \sphericalangle BWM = 90°$
(ΔABM gleichschenklig)

$\delta + \alpha = 90°$ (*)
(Tangente steht senkrecht auf dem Radius)

$\alpha + \mu_1 = 90°$ (**)
(ΔAWM rechtwinklig)

Aus (*) und (**) folgt: $\mu_1 = \delta$

Weiter gilt:

$\mu_1 = 1/2\ \mu = \gamma$ (Mittelpunktswinkel - Umfangswinkel)

Jetzt erhalten wir: $\delta = \gamma$

Beweis

Dieses Blatt enthält den vollständigen Beweis. Der Beweisüberblick und das Verständnis werden wieder durch zahlreiche Mouseover-Effekte erleichtert. Darüber hinaus wird ein zusammenfassendes Ergebnisblatt im PDF-Format angeboten (vgl. S. 66). Es enthält die Aussage über den Sehnen-Tangenten-Winkel, die Beweisstrategie sowie den Beweis selbst. Ein Ausdruck kann in das Lerntagebuch eingeklebt werden.

Sehnen-Tangenten-Winkel

Der Umfangswinkel und der zugehörige Sehnen-Tangenten-Winkel sind gleich groß.

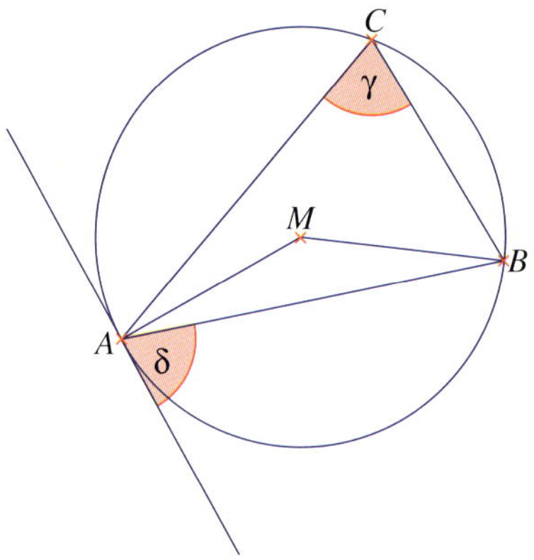

Strategie

Verwende eine geeignete Hilfslinie.

Wir zeichnen die Halbierende des Mittelpunktswinkels ein.

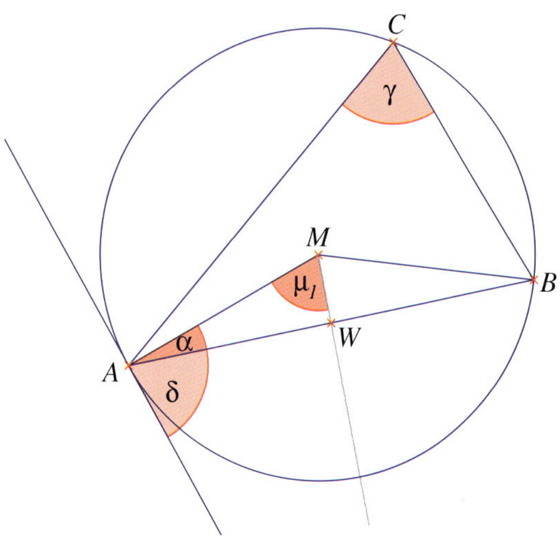

Beweis

$\mu_1 = \frac{1}{2}\mu$ ([MW Winkelhalbierende)

$\sphericalangle MWA = \sphericalangle BWM = 90°$ ($\triangle$ ABM gleichschenklig)

$\delta + \alpha = 90°$ (*) (Tangente steht senkrecht auf dem Radius)

$\alpha + \mu_1 = 90°$ (**) ($\triangle$ AWM rechtwinklig)

Aus (*) und (**) folgt: $\mu_1 = \delta$

Weiter gilt: $\mu_1 = \frac{1}{2}\mu = \gamma$ (Mittelpunktswinkel-Umfangswinkel)

Jetzt erhalten wir: $\delta = \gamma$

Parallelogramme

Die Lernumgebung „Parallelogramme“ besteht aus vier voneinander unabhängigen Abschnitten, die sich alle mit Eigenschaften von Parallelogrammen befassen. Die gesamte Lernumgebung kann am Anfang der Viereckslehre ohne weitere Vorkenntnisse behandelt werden.

Die einzelnen Abschnitte beginnen jeweils mit einem geometrischen Experiment, das die Schüler an den Sachverhalt heranführen soll. Am Ende des jeweils ersten Arbeitsblattes werden die Schüler aufgefordert, eine Vermutung in ihr Lerntagebuch einzutragen.
In den Teilen 2 bis 4 der Lernumgebung können Schüler die Vermutungen, die sie zuvor experimentell gewonnen haben, überprüfen und anschließend selbst beweisen. Dazu ist jeweils das zweite Arbeitsblatt „Vermutung“ gedacht. Dort werden den Schülern auch Strategien und zusätzliche Tipps an die Hand gegeben.
Dann folgen Arbeitsblätter mit ausführlich ausgearbeiteten Beweisen. Diese können zur Präsentation im Unterricht eingesetzt oder bei der Wiederholung des Stoffes verwendet werden. Abgerundet wird jede Lernumgebung durch ein Ergebnisblatt. Hier finden die Schüler Definitionen, Lehrsätze und Beweise in einer Druckversion vor und können diese Ausdrucke in ihr Lerntagebuch einfügen.

Inhalt

Vierecke aus Parallelstreifen

Eine Heranführung an den Begriff und Definition des Parallelogramms.
Verschiedene Parallelogramme (incl. Sonderformen) können durch dynamisches Verändern zweier Parallelstreifen hergestellt werden.

Vierecke mit gleich langen Gegenseiten

Hier erhält man Parallelogramme experimentell-dynamisch durch geeignetes Einstellen der Seitenlängen von so genannten Gelenkvierecken.

Vierecke mit gleich großen Gegenwinkeln

Parallelogramme werden aus zwei Winkelfeldern gleich großer Winkel erzeugt.

Punktsymmetrische Vierecke

Vierecke, deren Diagonalen sich in ihrem Schnittpunkt halbieren, sind punktsymmetrisch.
Ein Experiment lässt vermuten, dass jedes punktsymmetrische Viereck ein Parallelogramm ist.

Definition

Durch Übereinanderlegen von zwei Parallelstreifen werden die Schüler an den Begriff Parallelogramm herangeführt. Dabei sollen durch Ziehen mit der Maus an den Eckpunkten auch Sonderfälle wie Quadrat, Rechteck und Raute als Parallelogramme erkannt werden.
Ein Ziehen ist nur an den Punkten A, B oder C möglich, denn der Punkt D ist kein „freier" Punkt, sondern tritt in der zu Grunde liegenden Konstruktion als Schnittpunkt zweier Geraden auf.

Vierecke aus Parallelstreifen

Durch Übereinanderlegen zweier Parallelstreifen können Vierecke entstehen.
Sie heißen **Parallelogramme**.

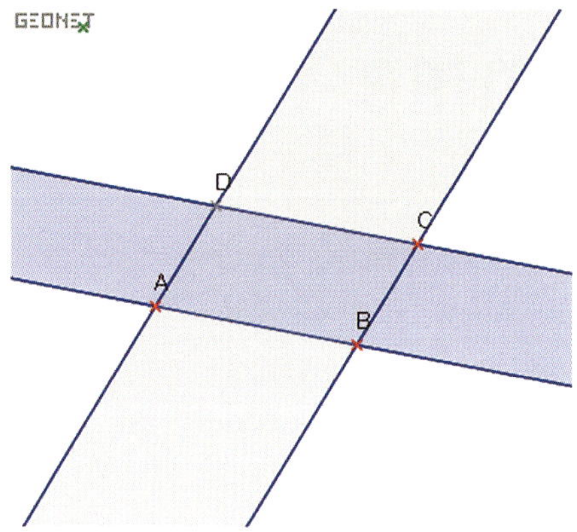

- Ziehe an A, B oder C, um Form und Lage des Parallelogramms ABCD zu verändern.
- Welche Sonderfälle können entstehen? Skizziere sie in dein Lerntagebuch.

Vierecke aus Parallelstreifen

Durch Übereinanderlegen zweier Parallelstreifen können Vierecke entstehen.
Sie heißen **Parallelogramme**.

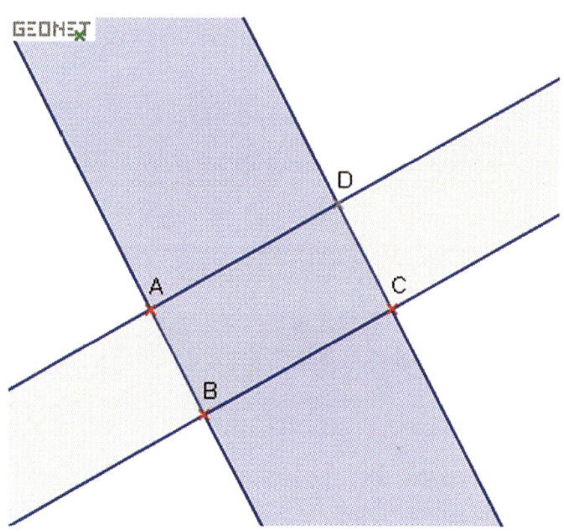

- Ziehe an A, B oder C, um Form und Lage des Parallelogramms ABCD zu verändern.
- Welche Sonderfälle können entstehen? Skizziere sie in dein Lerntagebuch.

Vierecke aus Parallelstreifen

Vierecke mit paarweise parallelen Gegenseiten heißen Parallelogramme.

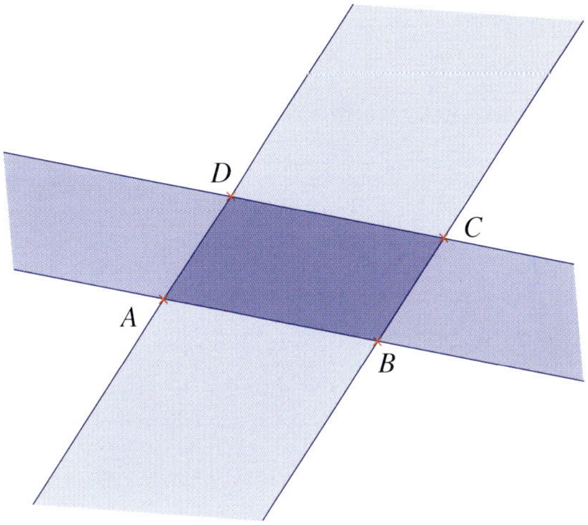

Sonderfälle

- Rechtecke: Überall 90°-Winkel
- Rauten: Alle Seiten gleich lang
- Quadrate: Rechtecke, bei denen die Abstände der Parallelenpaare gleich sind, oder Rauten mit 90°-Winkeln

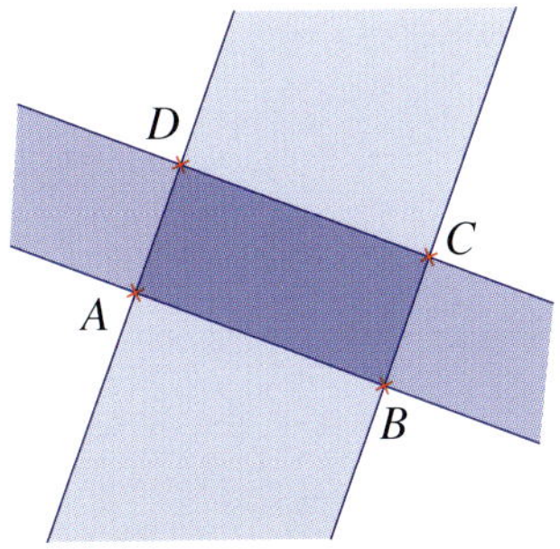

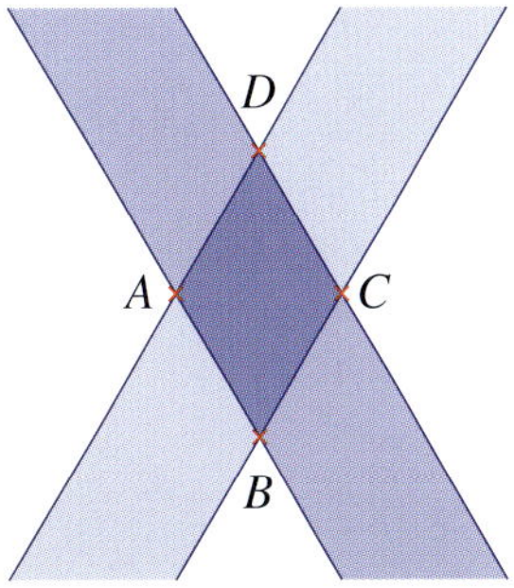

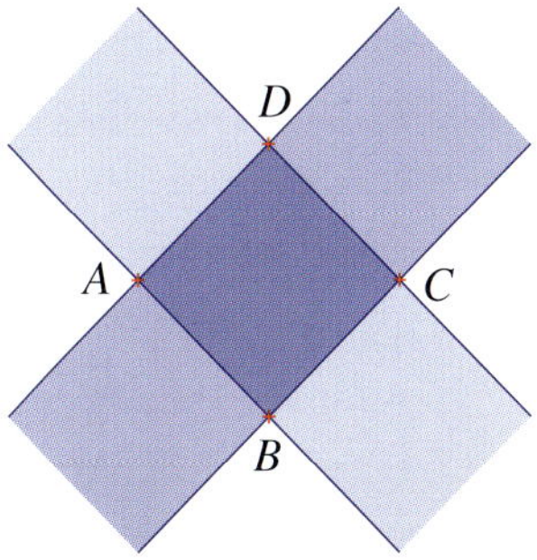

Experimente mit Gelenkvierecken

Bei einem Gelenkviereck lassen sich die Winkel verändern. Es verhält sich wie ein Viereck, das aus starren Stäben zusammengebaut ist, die an den Enden durch Gelenke miteinander verbunden sind. Die Schüler machen die Erfahrung, dass Vierecke zwar aus vier Seiten „konstruiert“ werden können, diese „Konstruktion“ jedoch nicht eindeutig ist (im Unterschied zum Dreieck). Durch Ziehen an A wird das gesamte Viereck verschoben, die Konstruktion ist quasi an A „aufgehängt“. Zieht man dagegen an B oder C, so erfährt man, dass das Viereck trotz gleich bleibender Seitenlängen seine Form verändern kann. Für spezielle Lagen der Eckpunkte erhält man ein „überschlagenes“ Viereck oder gar kein Viereck mehr.

Die Seitenlängen dieses Vierecks lassen sich verändern, indem man an den auf der Zeichenfläche vorgegebenen Strecken a, b, c oder d zieht. Stellt man gegenüberliegende Seiten gleich lang ein, so entstehen anscheinend immer Parallelogramme, auch wenn man durch Ziehen an den Punkten B oder C die Winkel des Vierecks verändert.

Blatt 1: Experimente mit Gelenkvierecken

Aus den vorgegebenen Seitenlängen a, b, c und d wurde ein Viereck ABCD konstruiert.

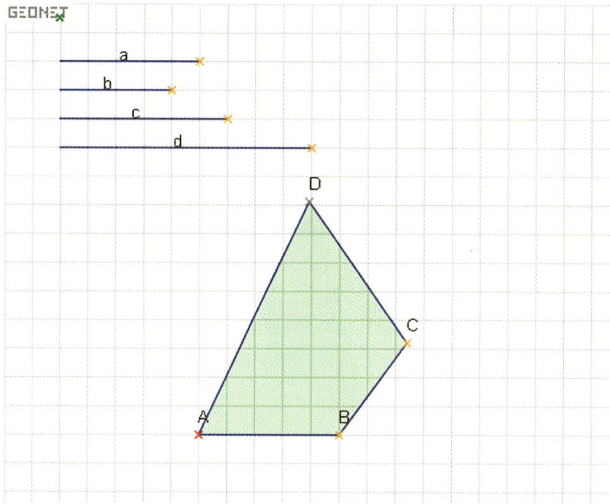

- Ziehe an B, C und A. Notiere, was sich am Viereck verändert und was gleich bleibt. Warum spricht man von einem Gelenkviereck?
- Stelle gegenüberliegende Seiten gleich lang ein und ziehe wieder an B und an C. Schreibe eine Vermutung in dein Lerntagebuch.

Blatt 2: Vermutung

Vergleiche mit deiner Vermutung:

Vierecke mit jeweils gleich langen Gegenseiten sind Parallelogramme.

Diese Vermutung muss jetzt noch begründet werden:

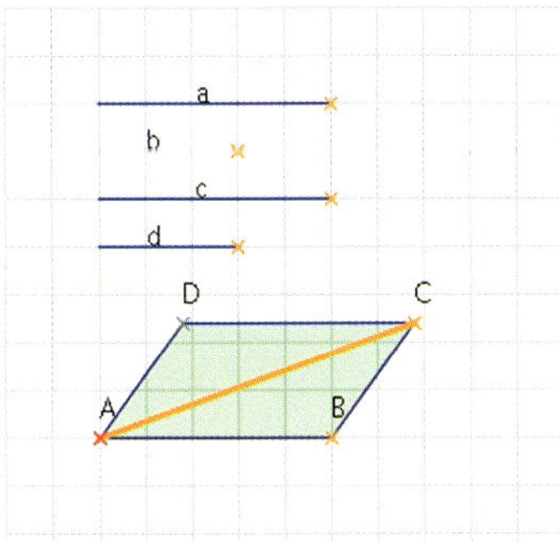

Der Beweis kann z.B. mit Hilfe folgender Strategie geführt werden:

Verwende eine geeignete Hilfslinie, die das Viereck in zwei Dreiecke zerlegt.

Tipp

Vermutung

Wir haben die Vermutung, dass Vierecke mit gleich langen gegenüberliegenden Seiten immer Parallelogramme sind. Der anschließende Beweis wird durch das Einzeichnen einer Hilfslinie (Mauszeiger über die blaue Schrift führen) und einen Tipp vorbereitet und erleichtert. Die Schüler sollen an dieser Stelle selbst versuchen, den Beweis zu führen.

Beweisidee

Für die beiden Arbeitsblätter benötigen die Schüler folgende Vorkenntnisse:

- Kongruenzsätze bei Dreiecken,
- Z-Winkelsatz an parallelen Geraden,
- Winkelsummensatz im Viereck.

Der Beweis gliedert sich in zwei Teile (Blatt 3.1 und Blatt 3.2). Zunächst wird eine Beweisidee erarbeitet.

Blatt 3.1: Beweis

Ein Viereck, bei dem gegenüberliegende Seiten jeweils gleich lang sind, ist ein Parallelogramm.

Voraussetzung

(1) a = c , (2) b = d

Behauptung

Das Viereck ABCD ist ein Parallelogramm, d. h.
(1) a ∥ c und
(2) b ∥ d

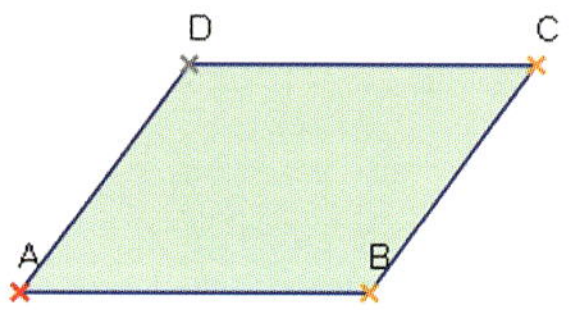

Beweisidee

Teile das Viereck durch eine Diagonale (z.B. e) in zwei Dreiecke und beweise deren Kongruenz.
Aus der Gleichheit zweier Wechselwinkel (z. B. der Winkel bei A und C der Z-Figur DCAB) kann man auf die Parallelität schließen.

Blatt 3.2: Beweis

Ein Viereck, bei dem gegenüberliegende Seiten jeweils gleich lang sind, ist ein Parallelogramm.

Beweis von (1)

Dreieck ABC ist kongruent zu Dreieck ACD nach SSS.

Daraus folgt: Winkel BAC = Winkel DCA (entsprechende Winkel in kongruenten Dreiecken).

Daraus folgt: a || c (Umkehrung des Z-Winkelsatzes).

Beweis von (2)

Analog argumentieren: Betrachte jetzt eine andere Z-Figur.

Schluss

Da a parallel zu c und b parallel zu d ist, folgt: Das Viereck ABCD ist ein Parallelogramm.

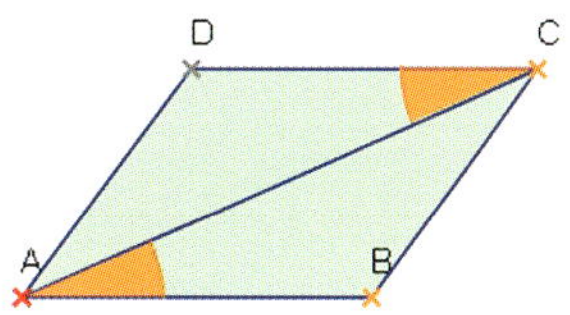

Beweis

Der Beweis lässt sich durch Zerlegen des Parallelogramms in zwei kongruente Dreiecke führen, indem man die Umkehrung des Z-Winkelsatzes verwendet. Die zunächst vermittelte Beweisidee soll den Schülern als „roter Faden“ dienen. Bei beiden Teilen sind zahlreiche optische Hilfen eingebaut (Mouseover-Effekte).
Wenn bei einer Präsentation vor der Klasse die Parallelität von a und c vorgeführt wurde, können die Schüler den Schluss des Beweises selbst aktiv mitgestalten, indem sie mit völlig analogen Argumenten die Parallelität von b und d beweisen.

Vierecke mit gleich langen Gegenseiten

Ein Viereck, bei dem gegenüberliegende Seiten jeweils gleich lang sind, ist ein Parallelogramm.

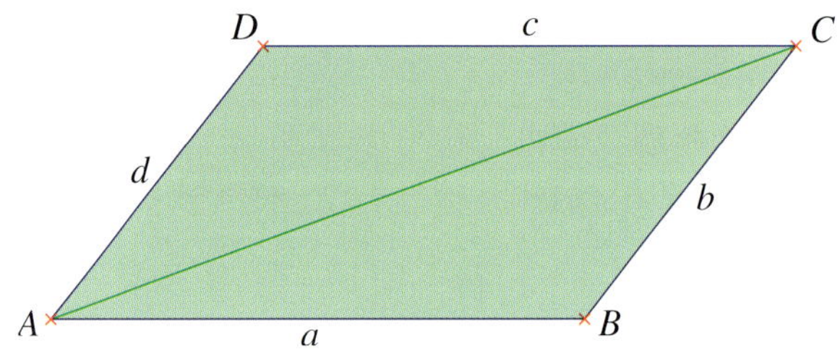

Strategie

Verwende eine geeignete Hilfslinie, die das Viereck in zwei Dreiecke zerlegt.

Beweis

- Das Dreieck ABC ist kongruent zum Dreieck ACD nach SSS.

  Daraus folgt: $\sphericalangle$ BAC = $\sphericalangle$ DCA (entsprechende Winkel in kongruenten Dreiecken).

  Daraus folgt: $a \parallel c$ (Umkehrung der Z-Winkel-Satzes: Z-Figur DCAB).

- Analog beweist man $\sphericalangle$ CAD = $\sphericalangle$ ACB (Z-Figur DACB) und folgert daraus $b \parallel d$.

- Insgesamt folgt: Das Viereck ABCD ist ein Parallelogramm.

Blatt 1: Viereck aus Winkelfeldern

Aus zwei vorgegebenen Winkelfeldern lässt sich ein Viereck ABCD erzeugen.
Hier sind beide Winkelfelder gleich groß (α = γ) und sie lassen sich durch Ziehen an X verändern.

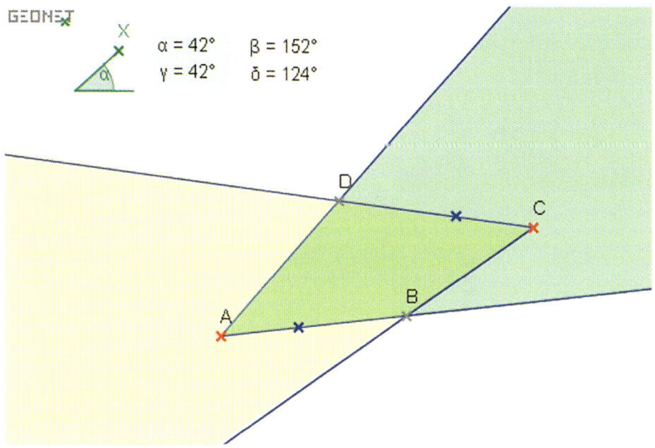

- Ziehe an den blauen Punkten, um verschiedene Vierecksformen zu erzeugen.
- Versuche ein Viereck einzustellen, bei dem auch β = δ gilt (dies ist je nach Bildschirmauflösung nicht immer exakt möglich).
- Ändere jetzt die Größe von α und ziehe auch an A oder C. Welche besonderen Vierecke entstehen?
- Schreibe eine Vermutung in dein Lerntagebuch.

Viereck aus Winkelfeldern

Innerhalb gewisser Grenzen lässt sich ein Viereck auch durch ein Überlappen zweier Winkelfelder erzeugen. Bei dem vorgegebenen Experiment wurden die Winkel der Winkelfelder α und γ gleich groß gewählt und sind mit Hilfe des grünen Winkels α (durch Bewegen des Punktes X) veränderbar. Die Winkelfelder selbst lassen sich an den blauen Punkten drehen und bei A bzw. C verschieben.

Durch Ziehen an den blauen Punkten soll man jetzt versuchen, ein Viereck zu erzeugen, bei dem zusätzlich noch die anderen beiden Gegenwinkel β und δ gleich groß sind. Diese Einstellung gelingt durch Beobachten der Messwerte für die beiden Winkel während des Ziehens.

Sind jetzt jeweils gegenüberliegende Winkel gleich groß, so kann man noch an A und C ziehen bzw. die (gleichen) Winkel α und γ über X verändern. Man gelangt so zu der Vermutung, dass solche Vierecke immer Parallelogramme sind.

Vermutung

Vor dem Beweis werden den Schülern noch eine optische Hilfe (Maus über die blaue Schrift führen) und Tipps an die Hand gegeben (z.B. welche Winkel sie betrachten sollen). An dieser Stelle können Schüler selbst aktiv werden und versuchen, den Beweis ohne fremde Hilfe zu führen. Zur Präsentation oder Wiederholung ist das nachfolgende Blatt 3 gedacht.

Blatt 2: Vermutung

Vergleiche mit deiner Vermutung:

Vierecke mit jeweils gegenüberliegenden gleich großen Winkeln sind Parallelogramme.

Diese Vermutung muss jetzt noch begründet werden:

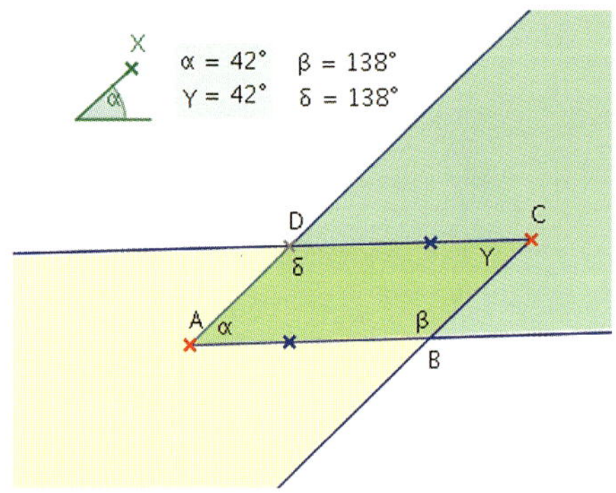

Der Beweis kann z.B. mit Hilfe folgender Strategie geführt werden:

Zurückführen auf Bekanntes. Hier: Winkelsumme im Viereck - Summe zweier anliegender Winkel.

Tipp

Blatt 3: Beweis

Ein Viereck, bei dem gegenüberliegende Winkel jeweils gleich groß sind, ist ein Parallelogramm.

Voraussetzung:

(1) $\alpha = \gamma$, (2) $\beta = \delta$

Behauptung:

Viereck ABCD ist ein
Parallelogramm, d.h.
(1) a || c und
(2) b || d

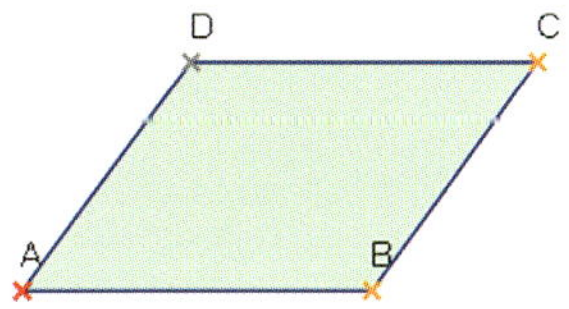

Beweis:

Behauptung (1):
Berechne die Summe der Winkel α und δ :
Winkelsumme im Viereck: $\alpha + \beta + \gamma + \delta = 360°$.
Nach Voraussetzung ist $\beta = \delta$ und $\gamma = \alpha$.
Daraus folgt: $2\alpha + 2\,\delta = 360°$ oder $\alpha + \delta = 180°$.
Aus der Umkehrung des Satzes über Nachbarwinkel an parallelen Geraden folgt: a || c.

Behauptung (2):
Analog schließt man $\beta + \alpha = 180°$ und damit b || d.

Insgesamt folgt: Viereck ABCD ist ein Parallelogramm.

Beweis

Zur Veranschaulichung des Beweises sind zahlreiche optische Hilfen eingebaut (Mouseover-Effekte). Zunächst beweist man, dass a parallel zu c ist, indem man die Winkelsumme $\alpha + \delta$ berechnet. Eine analoge Schlussweise für die Summe $\beta + \alpha$ erlaubt es den Schülern, die Beweisidee nochmals eigenständig nachzuvollziehen und aufzuschreiben.

Vierecke mit gleich großen Gegenwinkeln

Ein Viereck, bei dem gegenüberliegende Winkel jeweils gleich groß sind, ist ein Parallelogramm.

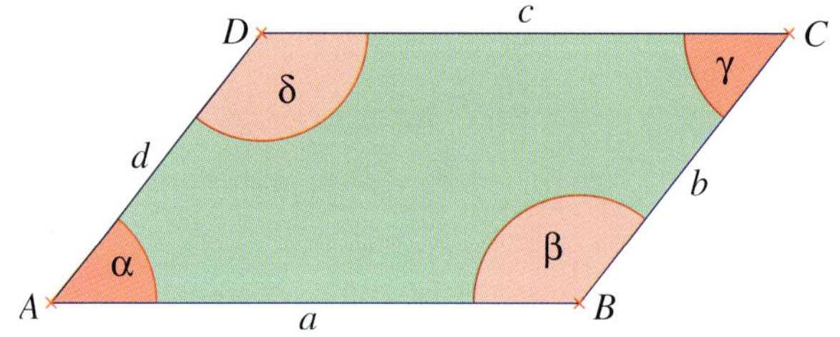

Strategie

Zurückführen auf Bekanntes.
Hier: Winkelsumme im Viereck.

Beweis

- Berechnung der Summe der Winkel α und δ:

  Winkelsumme im Viereck: $\alpha + \beta + \gamma + \delta = 360°$.

  Nach Voraussetzung ist $\beta = \delta$ und $\gamma = \alpha$.

  Daraus folgt: $2 \cdot \alpha + 2 \cdot \delta = 360°$ oder $\alpha + \delta = 180°$.

- Aus der Umkehrung des Satzes über Nachbarwinkel an parallelen Geraden folgt: $a \parallel c$.

- Analog schließt man: $\beta + \alpha = 180°$ und damit $b \parallel d$.

- Insgesamt folgt: Das Viereck ABCD ist ein Parallelogramm.

Blatt 1: Konstruktion

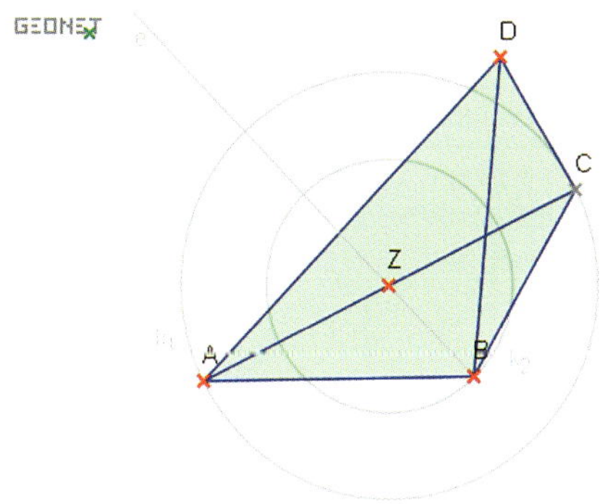

- Ziehe an den Punkten und erkläre die Konstruktion des Vierecks.
- Ziehe D auf den Schnittpunkt von k_2 mit e = BZ. Was gilt dann für die Strecken DZ und ZB?
- Bewege A. Was beobachtest du?
- Ziehe an B und Z und wiederhole das Experiment.
- Welche besonderen Eigenschaften hat ein punktsymmetrisches Viereck anscheinend immer? Schreibe eine Vermutung in dein Lerntagebuch.

Konstruktion

Den Schülern sollten Punktsymmetrie und Eigenschaften punktsymmetrischer Figuren bekannt sein.
Das vorliegende Viereck ABCD wurde so konstruiert, dass Z die Diagonale [AC] halbiert.
k_1 ist Kreis um Z mit Radius $\overline{ZA}$.
k_2 ist Kreis um Z mit Radius $\overline{ZB}$.
Außerdem wurde eine Halbgerade e durch die Punkte B und Z eingezeichnet. Der vierte Eckpunkt D des Vierecks ist frei beweglich. Zieht man D auf den Schnittpunkt von e und k_2, dann wird das Viereck punktsymmetrisch. Zugleich bemerkt man, dass dann anscheinend jeweils gegenüberliegende Seiten parallel werden, d.h. das Viereck ist dann ein Parallelogramm.

Vermutung

Zunächst können die Schüler ihre Aufzeichnungen mit der angegebenen Vermutung vergleichen. Um einen Zugang zum Beweis zu erleichtern, werden Tipps gegeben, wie sich der Beweis mit Hilfe der Eigenschaften der Punktsymmetrie führen lässt.

Blatt 2: Vermutung

Vergleiche mit deiner Vermutung:

Punktsymmetrische Vierecke sind Parallelogramme.

Diese Vermutung muss jetzt noch begründet werden:

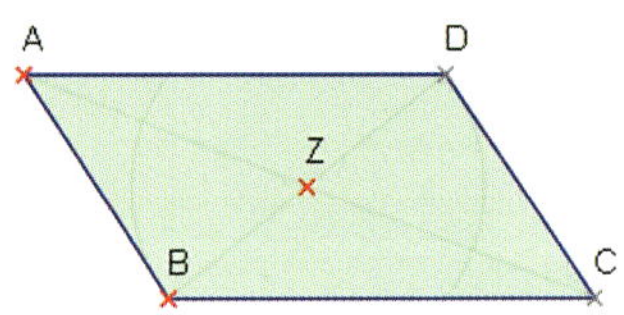

Der Beweis kann z.B. mit Hilfe folgender Strategie geführt werden:

Ausnutzen der Eigenschaften der Punktsymmetrie.

Tipp

Blatt 3: Beweis

Jedes punktsymmetrische Viereck ist ein Parallelogramm.

Voraussetzung:

Folgende Strecken sind gleich lang:

(1) AZ = ZC , (2) BZ = ZD

Behauptung:

Viereck ABCD ist ein Parallelogramm,
d.h.
(1) a || c und
(2) b || d

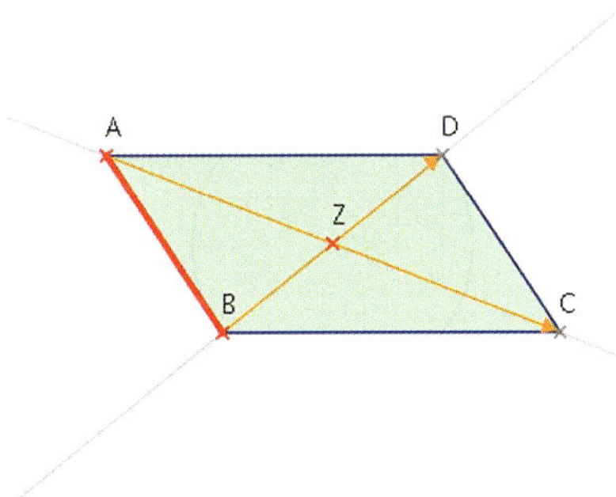

Beweis:

Bei der Punktspiegelung an Z werden die Punkte A, B, C und D aufgrund der Punktsymmetrie des Vierecks wie folgt abgebildet:

A → C und C → A sowie

B → D und D → B .

Damit gilt für entsprechende Geraden:
AB → CD und AD → CB

Weil entsprechende Geraden in punktsymmetrischen Figuren zueinander parallel sind, gilt:
AB || CD und AD || CB, d.h. ABCD ist ein Parallelogramm.

Beweis

Beim Beweis verwendet man Eigenschaften der Punktsymmetrie und beobachtet, auf welche Punkte die Ecken des Vierecks abgebildet werden. Zur Veranschaulichung des Beweises sind wiederum zahlreiche optische Hilfen eingebaut (Mouseover-Effekte).

Punktsymmetrische Vierecke

Jedes punktsymmetrische Viereck ist ein Parallelogramm.

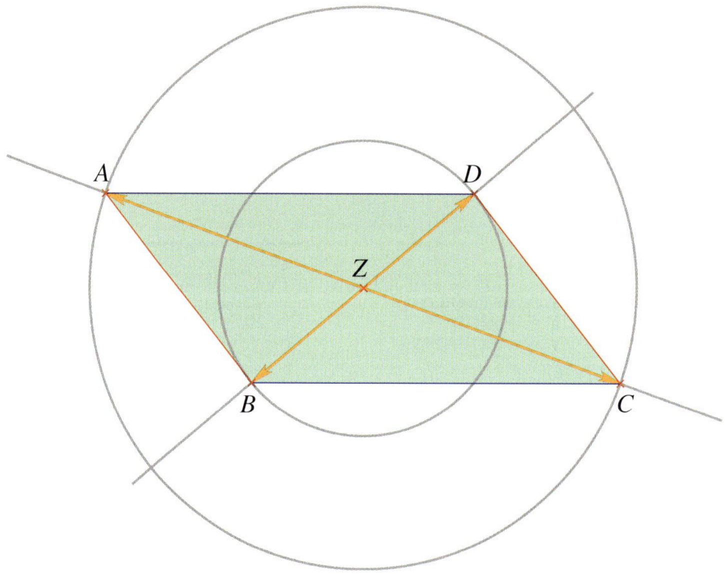

Strategie

Ausnutzen der Eigenschaften der Punktsymmetrie.

Beweis

Bei der Punktspiegelung an Z werden die Punkte A, B, C und D aufgrund der Punktsymmetrie des Vierecks wie folgt abgebildet:

$A \rightarrow C$ und $C \rightarrow A$, sowie

$B \rightarrow D$ und $D \rightarrow B$.

Damit gilt für die entsprechenden Geraden:

$AB \rightarrow CD$ und $AD \rightarrow CB$.

Weil entsprechende Geraden in punktsymmetrischen Figuren zueinander parallel sind, gilt:

$AB \parallel CD$ und $AD \parallel CB$,

d.h. ABCD ist ein Parallelogramm.

Weiterführende Aufgaben

Durch Variieren der Experimente und Fragestellungen stößt man leicht auf viele weitere ähnliche Probleme:

- Formuliere weitere notwendige Bedingungen für Parallelogramme. Beispielsweise:
  Ein Paar gegenüberliegender Seiten ist gleich lang und ein Paar gegenüberliegender Winkel ist gleich groß.
- Finde heraus, ob diese Bedingungen hinreichend oder nicht hinreichend für Parallelogramme sind, d.h. ob man unter diesen Bedingungen immer Parallelogramme erhält oder nicht. Führe einen Beweis oder finde ein Gegenbeispiel.

Ein besonderes Viereck – das Trapez

Die Lernumgebung eignet sich als Einstieg in den Themenkreis „Trapeze“. Die Schüler lernen Trapeze als spezielle Vierecke kennen und entwickeln Methoden, um deren Flächeninhalt zu bestimmen.
Dabei legt die Lernumgebung besonderen Wert auf einen aktiv-entdeckenden Zugang zur Thematik sowie auf eigenverantwortliches, selbständiges, aber auch kooperatives Arbeiten der Schüler, um ein möglichst tiefgehendes Verständnis für Trapeze und deren Flächeninhalt anzubahnen.
Hieran knüpft die ebenfalls in diesem Buch beschriebene Lernumgebung „Der Flächeninhalt von Trapezen“ an, mit der die Schüler vielfältige Wege zur Herleitung der Flächeninhaltsformel eigenständig gehen können (vgl. S. 93).

Inhalt

- Vierecke mit zwei parallelen Seiten
- Trapeze und andere Vierecke
- Ideen zum Flächeninhalt

Zeitrahmen

1 Stunde

Material

- Geodreieck
- Lerntagebuch

Spezielle Vierecke erkunden

Die Schüler können im dynamischen Arbeitsblatt das Viereck verändern, indem sie mit der Maus an den Ecken ziehen. Auf diese Weise lassen sich vielfältige Vierecksformen herstellen. Allerdings haben alle entstehenden Vierecke die Eigenschaft, dass zwei Seiten zueinander parallel sind. Diese Eigenschaft gilt es zu erkennen und in Worte zu fassen.

Blatt 1: Spezielle Vierecke erkunden

- Verändere das folgende Viereck in vielfältiger Weise, indem du mit der Maus an den Ecken ziehst.
- Welche spezielle Eigenschaft haben alle entstehenden Vierecke?

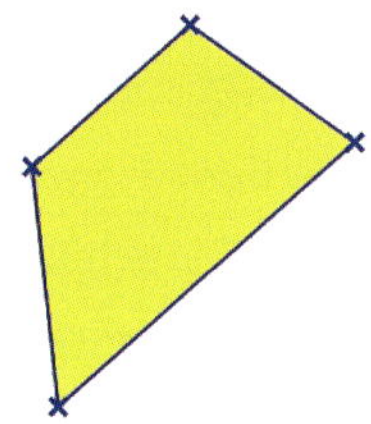

Blatt 2: Trapeze

Bei allen erzeugten Vierecken sind jeweils zwei der vier Seiten zueinander parallel. Vierecke mit dieser Eigenschaft heißen Trapeze.

Ein Viereck, bei dem zwei Seiten zueinander parallel sind, nennt man **Trapez**.

- Welche der folgenden Figuren sind Trapeze?

Tipp

Den neuen Begriff präzisieren

Haben die Schüler die besondere Eigenschaft von Trapezen erkannt, wird der Name dieser speziellen Vierecke eingeführt und mit einer Definition abgegrenzt: „Ein Viereck, bei dem zwei Seiten zueinander parallel sind, nennt man Trapez."

Die Schwierigkeit bei dieser Formulierung besteht darin, zu erkennen, dass Quadrate, Rechtecke, Rauten und Parallelogramme spezielle Trapeze sind. Diese Vorstellung wurde auf der vorhergehenden Seite der Lernumgebung bereits angebahnt, denn mit dem dynamischen Trapez lassen sich ja auch Quadrate, Rechtecke, usw. erzeugen.

Um den neuen Begriff in ihr bereits vorhandenes Wissensnetz einzuordnen, erhalten die Schüler den Auftrag, aus einer Reihe gegebener Vierecke die Trapeze herauszufinden. Dabei wird bei Bedarf der Tipp gegeben, dass fünf der Vierecke Trapeze sind.

Den neuen Begriff einordnen

Die Schüler werden aufgefordert, ihre bisherigen Überlegungen in ihrem Lerntagebuch festzuhalten. Des Weiteren sollen sie die ihnen bekannten Begriffe Trapez, Quadrat, Parallelogramm, Rechteck, Raute gegeneinander abgrenzen und ordnen sowie eine Übersicht über diese Vierecksformen entwerfen. Hierzu müssen sie sich klar machen, welche Beziehungen zwischen diesen aus mehreren Jahrgangsstufen bekannten Begriffen bestehen, welche Oberbegriffe und welche Unterbegriffe sind.

Eine derartige Übersicht könnte etwa wie folgt gestaltet sein:

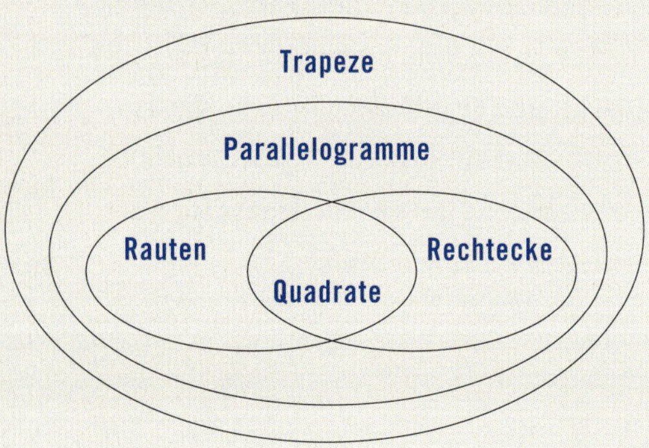

Blatt 3: Trapeze und andere Vierecke

- Erkläre den Begriff "Trapez" in deinem Lerntagebuch und zeichne dazu einige Beispiele.
- Welche Beziehungen bestehen zwischen den Vierecksformen Trapez, Quadrat, Parallelogramm, Rechteck, Raute? Erstelle hierzu eine Übersicht!
- Wo siehst du Trapeze in deinem täglichen Leben?
- Kennst du den Begriff "Trapez" auch in anderen Zusammenhängen? Versuche herauszufinden, woher dieser Begriff stammt.

GEONExT

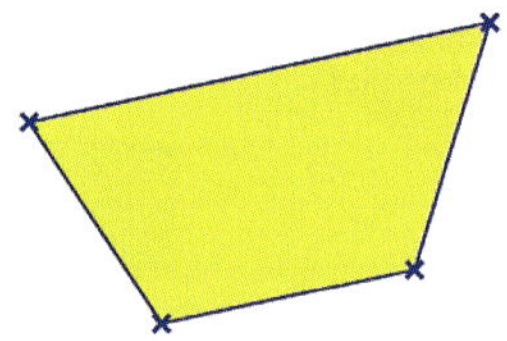

Blatt 4: Trapeze und ihr Flächeninhalt

- Welchen Flächeninhalt besitzt das unten abgebildete Trapez?
- Erzeuge durch Ziehen an den Ecken verschiedene weitere Trapezformen und bestimme jeweils den zugehörigen Flächeninhalt. Übertrage einige Beispiele in dein Lerntagebuch.
- Entwickle eine allgemeine Methode, mit der sich der Flächeninhalt von Trapezen möglichst einfach berechnen lässt. Notiere deine Überlegungen in dein Lerntagebuch.

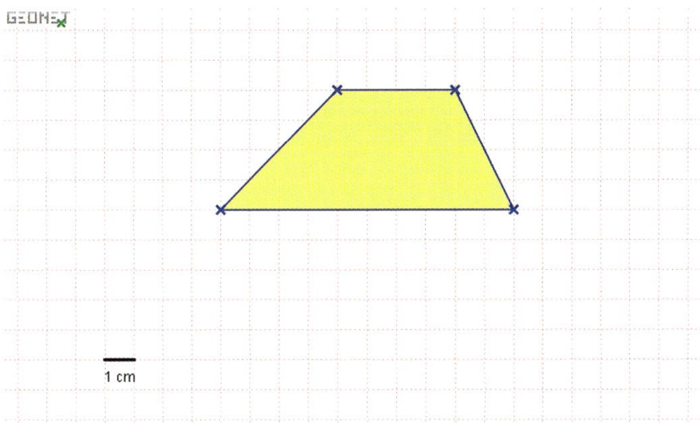

Auf eigenen Wegen Flächeninhalte bestimmen

Die Schüler erhalten den Auftrag, den Flächeninhalt gezeichneter Trapeze zu bestimmen. Da sie hierzu noch nicht über eine Formel verfügen, sind problemlösendes Denken und die Entwicklung von Lösungsstrategien gefordert. Es bieten sich vielfältige Zugangsweisen auf unterschiedlichen Niveaus an: Kästchen zählen, die Trapezflächen in bekannte Flächen zerlegen, in solche durch Verschieben von Teilflächen verwandeln oder zu bekannten Flächen ergänzen. (Für spezielle Trapeze stehen den Schülern aber auch bereits bekannte Flächeninhaltsformeln zur Verfügung.) Ausgehend von den konkreten Beispielen sind die Schüler des Weiteren aufgefordert, ihre Methoden zu verallgemeinern und universelle Verfahren zur Ermittlung derartiger Flächeninhalte zu entwickeln. Während dieser Phase wird die Grundlage für ein tiefgehendes Verständnis für Flächeninhalte von Trapezen gelegt.

Ideen mit einem Partner diskutieren und präsentieren

Haben die Schüler die Flächenmessung von Trapezen auf eigenen Wegen erkundet, schließt sich eine Phase der Kommunikation und der Kooperation mit dem Nachbarn an. Jeder erklärt seine Ideen und vollzieht umgekehrt die Gedanken des anderen nach.
Ziel dieser Zusammenarbeit ist es, die Ideen so auszuarbeiten, dass diese anschließend im Klassenplenum vorgestellt und diskutiert werden können. Auf den ersten Blick steht bei dieser Ergebnispräsentation der Austausch der gewonnenen Resultate im Vordergrund. Gleichzeitig trainieren die Schüler aber auch das Reden über Mathematik, das Präsentieren eigener Ergebnisse sowie das Sprechen vor einer Gruppe.
Zum Abschluss der Unterrichtssequenz können die Schülerresultate unter der Moderation der Lehrkraft zu einem Gesamtresultat zusammengefasst bzw. erweitert werden. Die Schüler sind dann bereit für eine fundierte Ergebnissicherung, die Konventionen der Mathematik, den stofflichen Rahmen und curriculare Vorgaben berücksichtigt.

Blatt 5: Ergebnisse diskutieren und präsentieren

- Erkläre deine bisherigen Überlegungen zum Flächeninhalt von Trapezen einem Mitschüler. Vergleicht und diskutiert gemeinsam euere Ergebnisse. Die Zeichnung unten kann euch dabei unterstützen.
- Stellt euere Ideen und Ergebnisse zu Trapezflächen eueren Mitschülern vor. Ordnet auch die Präsentationen der anderen Gruppen in euere Arbeit ein.

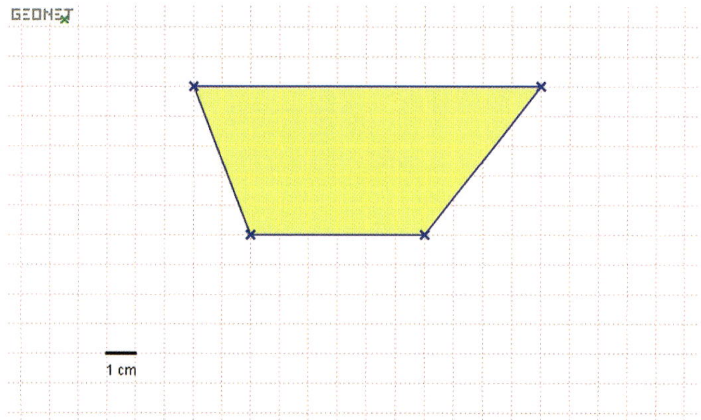

Trapez

Ein Viereck, bei dem zwei Seiten zueinander parallel sind, heißt Trapez.

Beispiele

Bei Quadraten, Rechtecken, Parallelogrammen und Rauten gibt es zwei Paare zueinander paralleler Seiten. Sie sind also spezielle Trapeze.

Flächeninhalt von Trapezen

Mit dieser Lernumgebung können Schüler sechs verschiedenartige Wege gehen, um Flächeninhalte von Trapezen zu bestimmen. Die Lernumgebung eignet sich damit einerseits zur Erarbeitung der Flächeninhaltsformel für Trapeze, andererseits kann sie auch als Abschluss einer Unterrichtseinheit über Trapeze der Zusammenschau und Vertiefung dienen.

Anhand dynamischer Konstruktionen wird das Problem der Flächenberechnung von Trapezen auf Wissen über vertraute Flächenformen (Dreieck, Rechteck, Parallelogramm) zurückgeführt.
Die Schüler sollten sich vor dem Arbeiten mit der Lernumgebung bereits eigenständig mit dem Problem, Flächeninhalte von Trapezen zu bestimmen, auseinander gesetzt haben. Beispielsweise könnten sie anhand konkreter, selbst gezeichneter Trapeze Ideen für die Flächenberechnung entwickelt haben. Erst wenn die Schüler eigene Wege zur Bearbeitung dieser Problemstellung ausprobiert und sich damit in die Thematik eingearbeitet haben, sind sie „reif" für die vorliegende Lernumgebung.
Wie kann erreicht werden, dass die Schüler mindestens einen Gedankengang zur Bestimmung des Flächeninhalts von Trapezen intensiv durchdringen und sie ein tiefgehendes Verständnis für die Thematik entwickeln? Es bietet sich an, den Schülern den Auftrag zu erteilen, einen der sechs skizzierten Wege in Partner- oder Gruppenarbeit so auszugestalten, dass sie ihn anschließend im Klassenteam ihren Mitschülern präsentieren und erklären können.

Inhalt

- Wege zum Flächeninhalt von Trapezen
  - In bekannten Teilflächen zerlegen
  - Zu bekannten Flächen ergänzen
  - In bekannte Flächen verwandeln
- Flächeninhaltsformel

Zeitrahmen

1–2 Stunden

Material

- Lineal
- Lerntagebuch

Problemstellung

Zunächst wird das Ziel formuliert, den Flächeninhalt eines Trapezes zu ermitteln, wenn man die Längen der beiden parallelen Seiten (hier a und c genannt) sowie den Abstand h dieser beiden Seiten kennt.
Die Schüler erhalten den generellen Auftrag, all ihre Überlegungen und Ergebnisse mit Skizzen in ihr Lerntagebuch zu notieren. Es soll die Schüler bei der Beschäftigung mit der Lernumgebung durchgängig als Arbeits- und Lernmedium begleiten.

Problemstellung

Im Folgenden kannst du auf vielfältige Arten verstehen, wie man den Flächeninhalt eines Trapezes berechnen kann, wenn man die Längen der beiden parallelen Seiten (hier a und c) sowie den Abstand h dieser parallelen Seiten kennt.

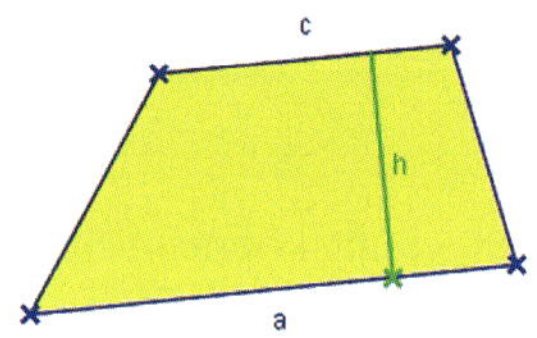

Gehe bei allen Überlegungen davon aus, dass du diese drei Längen kennst, und gib alle Endergebnisse in Abhängigkeit von a, c und h an.

Notiere alle deine Überlegungen und Ergebnisse mit Skizzen in dein Lerntagebuch.

Weg 1: In bekannte Flächen zerlegen

- Ziehe an den Ecken des Trapezes und beschreibe die Bedeutung der roten Hilfslinie.

GEONExT

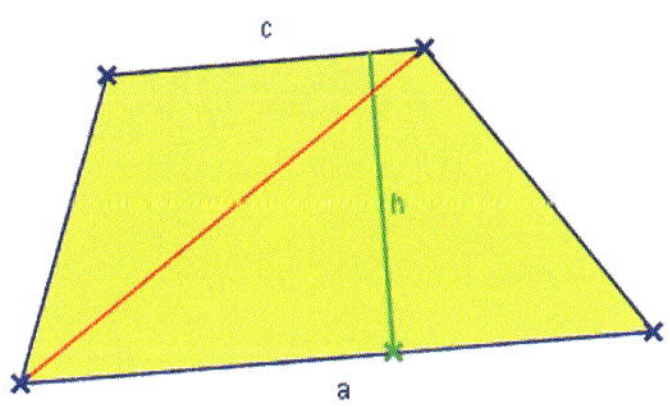

- Die rote Linie zerlegt die gelbe Trapezfläche in zwei Teile. Drücke den Inhalt dieser beiden Teilflächen mit Hilfe der Größen a, c und h aus.
- Wie groß ist damit der Flächeninhalt des Trapezes (ausgedrückt durch a, c und h)?

Tipp

Weg 1

In zwei Dreiecke zerlegen

Das Trapez in der dynamischen Konstruktion kann durch Ziehen an den Ecken in seiner Form verändert werden. Die rote Hilfslinie zerlegt das Trapez dabei stets in zwei Dreiecke. Gemäß der Strategie „In bekannte Teilflächen zerlegen" ergibt sich der Flächeninhalt des Trapezes als Summe der Flächeninhalte der Dreiecke:

$$A_{Trapez} = \frac{1}{2} a \cdot h + \frac{1}{2} c \cdot h$$

Weg 2

In ein Parallelogramm und ein Dreieck zerlegen

Die rote Hilfslinie zerlegt das Trapez in ein Parallelogramm und ein Dreieck, also in zwei bekannte Figuren. Damit erhält man den Inhalt der Trapezfläche als Summe der Inhalte der Teilflächen:

$$A_{Trapez} = c \cdot h + \frac{1}{2}(a - c) \cdot h$$

Weg 2: In bekannte Flächen zerlegen

- Ziehe an den Ecken des Trapezes und beschreibe die Bedeutung der roten Hilfslinie.

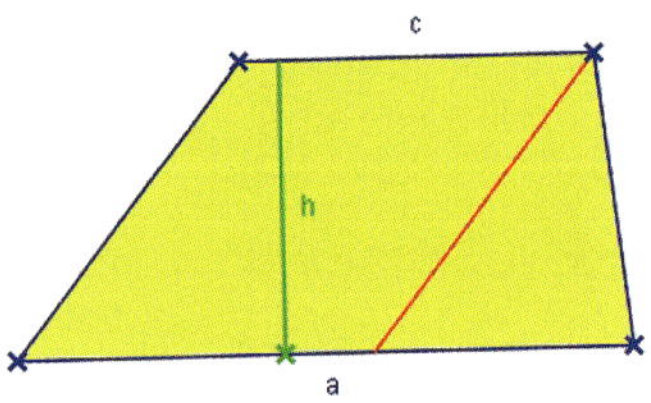

- Die rote Linie zerlegt die gelbe Trapezfläche in zwei Teile. Drücke den Inhalt dieser beiden Teilflächen mit Hilfe der Größen a, c und h aus.
- Wie groß ist damit der Flächeninhalt des Trapezes (ausgedrückt durch a, c und h)?

Tipp

Weg 3: In bekannte Flächen verwandeln

- Ziehe an den roten Ecken des Trapezes und erzeuge so aus der gelben Fläche ein Rechteck und *ein* Dreieck.

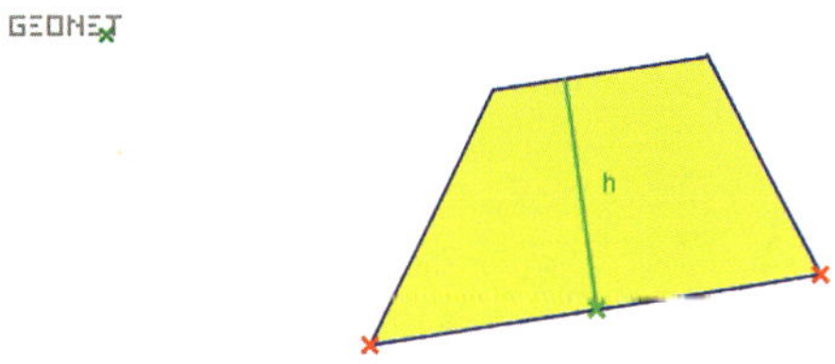

- Drücke den Flächeninhalt des Rechtecks und des Dreiecks mit den Trapezgrößen a, c und h aus.
- Welchen Inhalt hat damit das ursprüngliche Trapez (ausgedrückt durch a, c und h)?

Tipp

Weg 3

In ein Rechteck und ein Dreieck verwandeln

Die dynamische Konstruktion erlaubt es, mit der Maus dreieckige Flächenabschnitte des Trapezes in der Zeichenfläche zu verschieben und damit das Trapez in ein Rechteck und ein Dreieck zu verwandeln. Für den Flächeninhalt ergibt sich so:

$$A_{Trapez} = c \cdot h + \frac{1}{2}(a - c) \cdot h$$

Weg 4

Zu einem Parallelogramm ergänzen

Die Zeichenfläche enthält zwei kongruente Trapeze, die durch geschicktes Drehen und Verschieben so aneinander gefügt werden können, dass sie zusammen ein Parallelogramm bilden.
Ein Trapez besitzt damit den halben Flächeninhalt des Parallelogramms:

$$A_{\text{Trapez}} = \frac{1}{2}\,(a + c) \cdot h$$

Weg 4: Zu einer bekannten Fläche ergänzen

- Ziehe mit der Maus an den markierten Eckpunkten und beobachte die Auswirkungen. Welche Eigenschaften haben die beiden Trapeze gemeinsam?

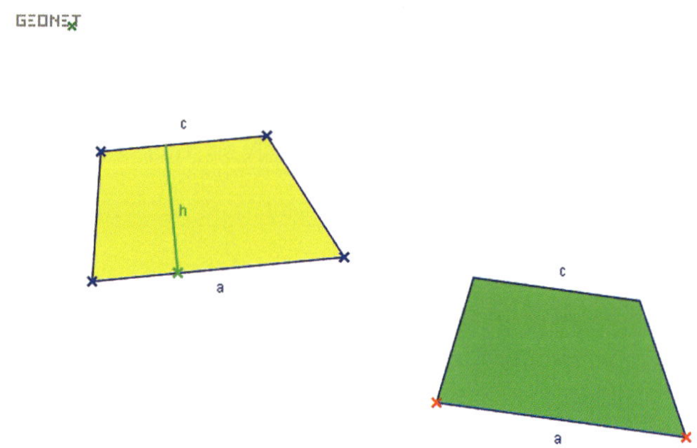

- Bewege das grüne Trapez so, dass beide Trapeze *zusammen* ein Parallelogramm bilden.
- Drücke den Flächeninhalt dieses Parallelogramms mit a, c und h aus.
- Welchen Inhalt hat damit jedes der beiden Trapeze?

Weg 5.1: In eine bekannte Fläche verwandeln

Beim folgenden Trapez ist die **Mittelparallele m** eingezeichnet. Sie verläuft in der Mitte zwischen a und c und ist zu diesen Strecken parallel.

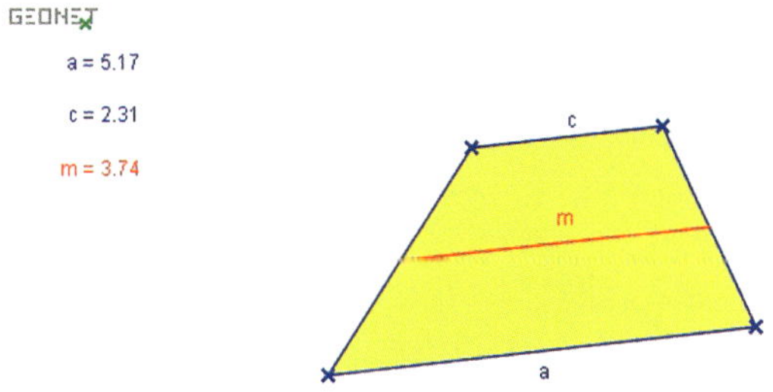

- Ziehe an den Ecken des Trapezes und beobachte, wie sich die Längen a, c und m verändern.
- Wie lässt sich m generell mit Hilfe von a und c berechnen? Begründe dein Ergebnis!

Weg 5 – Teil 1

Mittelparallele

In der dynamischen Konstruktion ist die Mittelparallele m des Trapezes eingezeichnet, die Längen der Strecken a, c und m werden als Zahlenwerte angezeigt. Durch Veränderung der Trapezform können die Schüler experimentell den Zusammenhang zwischen diesen drei Größen entdecken: m ist das arithmetische Mittel der Seitenlängen a und c. Je nach Situation in der Klasse kann dies auch geometrisch begründet oder nur als experimentell gewonnene Erkenntnis weiterverwendet werden.

Weg 5 – Teil 2

In ein Rechteck verwandeln

Bei dem Trapez in der Zeichenfläche kann man an den beiden unteren Ecken ziehen und damit dreieckige Flächenabschnitte so nach oben drehen, dass das Trapez in ein flächengleiches Rechteck verwandelt wird. Der Flächeninhalt der Gesamtfigur ist somit:

$$A_{Trapez} = m \cdot h = \frac{1}{2}(a + c) \cdot h$$

Weg 5.2: In eine bekannte Fläche verwandeln

- Bewege im folgenden Trapez die roten Ecken und verwandle es dadurch in eine flächengleiche Figur, deren Inhalt du leicht berechnen kannst. (Alle markierten Punkte sind beweglich.)

GEONExT

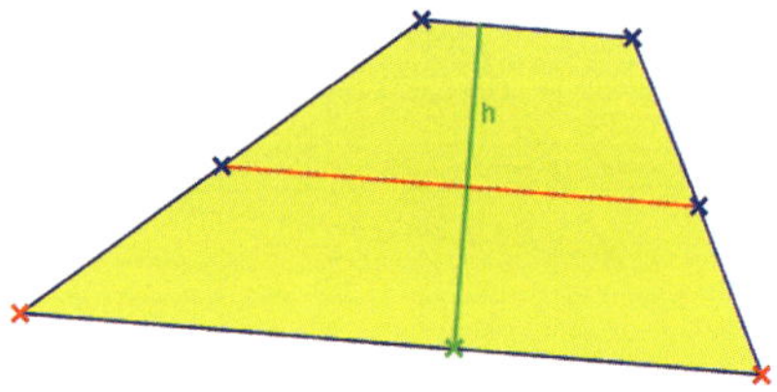

- Begründe damit, wie sich der Flächeninhalt des Trapezes mit den Längen a, c und h berechnen lässt.

Tipp

Weg 5.2: In eine bekannte Fläche verwandeln

- Bewege im folgenden Trapez die roten Ecken und verwandle es dadurch in eine flächengleiche Figur, deren Inhalt du leicht berechnen kannst. (Alle markierten Punkte sind beweglich.)

GEONExT

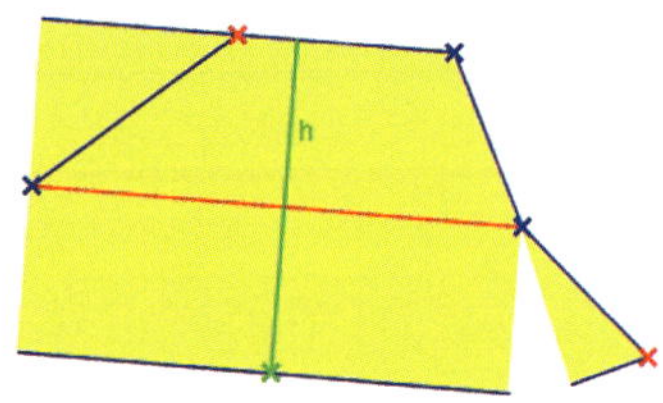

- Begründe damit, wie sich der Flächeninhalt des Trapezes mit den Längen a, c und h berechnen lässt.

Tipp

Weg 6: In eine bekannte Fläche verwandeln

Beim folgenden Trapez sind eine Diagonale und eine Parallele zu dieser Diagonalen eingezeichnet.

- Verschiebe die Ecke, die auf der Geraden liegt. Wie ändert sich dabei der Inhalt der gelben Fläche?

Tipp

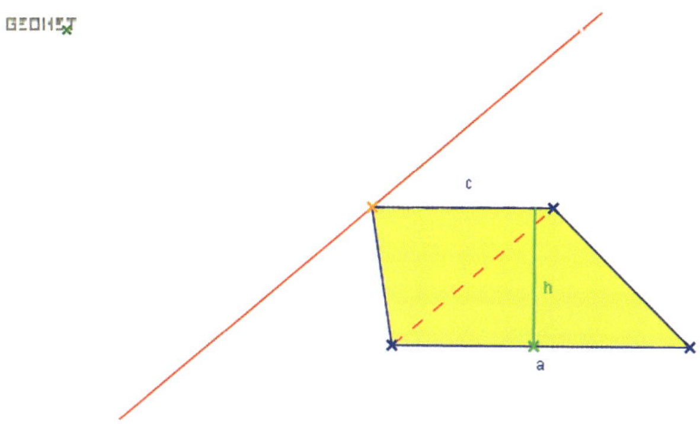

- Verschiebe die Ecke auf der Geraden so, dass die gelbe Fläche zu einem Dreieck wird, dessen Inhalt du leicht berechnen kannst.

Tipp

- Begründe damit, wie sich die ursprüngliche Trapezfläche aus den Längen a, c und h berechnen lässt.

Weg 6

In ein Dreieck verwandeln

In der dynamischen Konstruktion sind eine Diagonale des Trapezes und eine Parallele zu dieser Diagonalen durch eine Ecke des Trapezes gezeichnet. Diese Ecke lässt sich auf der Parallelen verschieben. Dabei ändert sich die Form der gefärbten Fläche, nicht aber ihr Flächeninhalt. Durch das Verschieben kann das ursprüngliche Trapez u. a. in ein flächengleiches Dreieck mit der Grundlinie a + c und der Höhe h verwandelt werden. Also ist der Flächeninhalt:

$$A_{Trapez} = \frac{1}{2}(a + c) \cdot h$$

Flächeninhalt von Trapezen

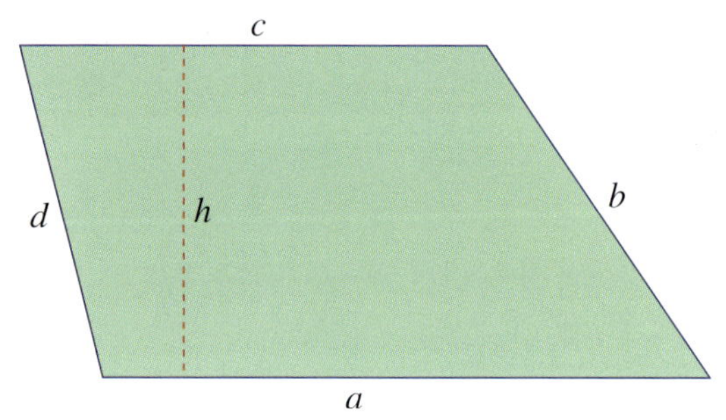

Wir bezeichnen die beiden parallelen Seiten mit a und c, ihren Abstand mit h. Damit hat das Trapez den Flächeninhalt:

$$A_{Trapez} = \frac{1}{2}(a + c) \cdot h$$

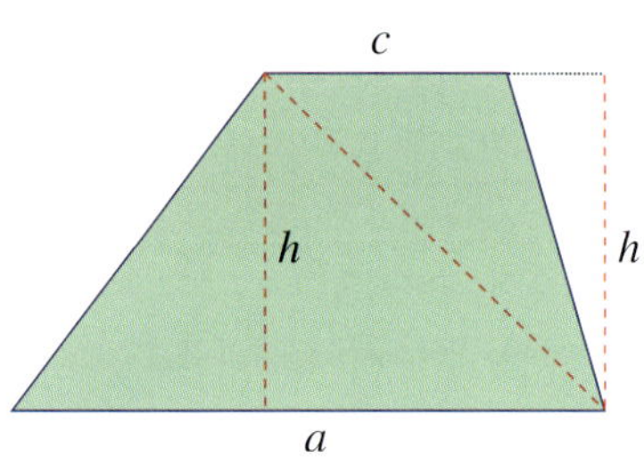

Begründung 1

In bekannte Flächen zerlegen

Eine Diagonale teilt das Trapez in zwei Dreiecke. Diese haben den Flächeninhalt $\frac{1}{2} a \cdot h$ sowie $\frac{1}{2} c \cdot h$. Die Trapezfläche setzt sich daraus zusammen:

$$A_{Trapez} = \frac{1}{2} a \cdot h + \frac{1}{2} c \cdot h = \frac{1}{2}(a + c) \cdot h$$

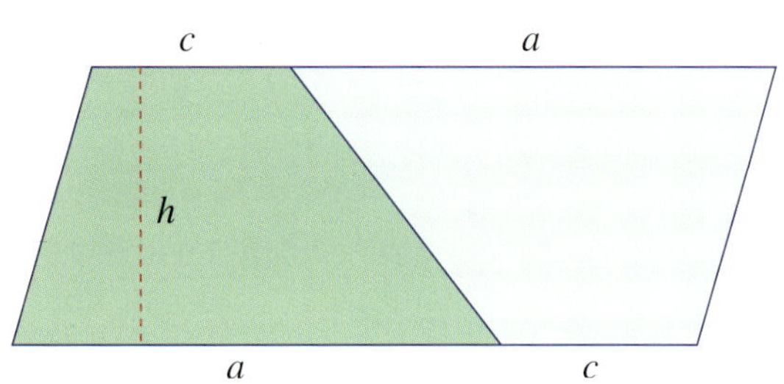

Begründung 2

Zu einer bekannten Fläche ergänzen

Ein zweites, kongruentes Trapez lässt sich so an das erste anlegen, dass beide zusammen ein Parallelogramm mit dem Flächeninhalt $(a + c) \cdot h$ bilden. Eines der Trapeze hat davon den halben Flächeninhalt:

$$A_{Trapez} = \frac{1}{2}(a + c) \cdot h$$

Vom Quadrat zum Achteck

Von der Regelmäßigkeit selbst sehr einfacher Figuren geht aufgrund der vielfältigen Symmetrien stets eine gewisse ästhetische Wirkung aus. Im Schulunterricht werden als Beispiele regelmäßiger Vielecke in der Regel nur gleichseitiges Dreieck, Quadrat und regelmäßiges Sechseck betrachtet. Die genannten Figuren sind übrigens die einzigen regelmäßigen Vielecke, mit denen sich die Ebene parkettieren lässt. Bereits Johannes Kepler (1571 - 1630) hat dieses Ergebnis gekannt. Auch das Thema Auslegen und Parkettieren eignet sich hervorragend für eine aktiv-entdeckende Unterrichtseinheit.

In der folgenden Lernumgebung werden – jeweils ausgehend von einem Quadrat – auf drei verschiedene Weisen Achtecke erzeugt. Von diesen ist allerdings nur ein einziges regelmäßig (alle Seiten sind gleich lang und alle Innenwinkel gleich groß). Die beiden anderen Achtecke erfüllen jeweils nur eine der beiden geforderten Bedingungen.

Inhalt

- Achteck mit verschieden langen Seiten
- Achteck mit unterschiedlich großen Winkeln
- Regelmäßiges Achteck

Zeitrahmen

1–3 Stunden

Material

- Zirkel
- Geodreieck
- Lerntagebuch

Vom Quadrat zum Achteck

Schrittweise wird am Bildschirm ein Achteck erzeugt, das anschließend in gleicher Weise auch in das Lerntagebuch gezeichnet werden soll. Die Schüler werden aufgefordert, eine Vermutung über die mögliche Regelmäßigkeit aufzuschreiben.

Das Popup-Fenster „Regelmäßige Figuren“ enthält bewusst keine Definition, sondern lediglich Beispiele regelmäßiger Figuren, aus denen sich die Schüler die allgemeine Charakterisierung erschließen können.

Blatt 1.1: Vom Quadrat zum Achteck

- Klicke wiederholt auf den Button ▶ unterhalb der Zeichenfläche. Es entsteht schrittweise ein Achteck.

- Zeichne die Figur in dein Lerntagebuch. *Nutze dabei geschickt die Kästchenstruktur des Zeichenblattes.*
- Ist dieses Achteck regelmäßig?

Zur Erinnerung: Regelmäßige Figuren

Blatt 1.1: Vom Quadrat zum Achteck

- Klicke wiederholt auf den Button ▶ unterhalb der Zeichenfläche. Es entsteht schrittweise ein Achteck.

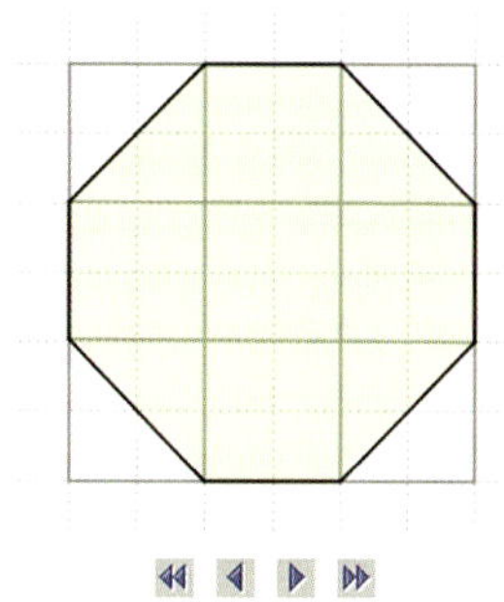

- Zeichne die Figur in dein Lerntagebuch. *Nutze dabei geschickt die Kästchenstruktur des Zeichenblattes.*
- Ist dieses Achteck regelmäßig?

Zur Erinnerung: Regelmäßige Figuren

Blatt 1.2: Überlegung

- Versuche gemeinsam mit deinem Partner zu begründen, warum dieses Achteck nicht regelmäßig ist.

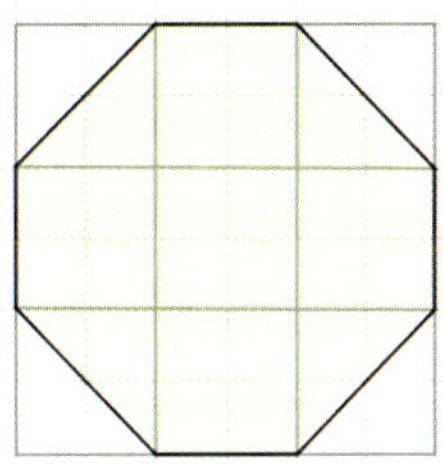

- Betrachte dazu die Innenwinkel des Achtecks und die Seiten des Achtecks.

Blatt 1.2: Überlegung

- Versuche gemeinsam mit deinem Partner zu begründen, warum dieses Achteck nicht regelmäßig ist.

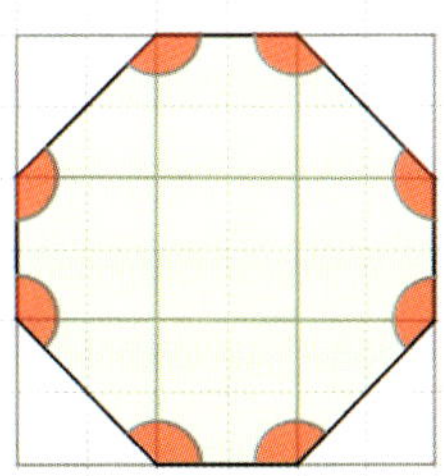

- Betrachte dazu die Innenwinkel des Achtecks und die Seiten des Achtecks.

Überlegung

Es wird zunächst verraten, dass das betrachtete Achteck nicht regelmäßig ist. Eine Begründung dazu sollen die Schüler in Partnerarbeit liefern. Unterstützung finden sie durch die dem Achteck unterlegte Gitterstruktur und durch Hinweise mit Mouseover-Effekt („Überstreichen" der farbigen Wörter mit der Maus).

Begründung

Zur Kontrolle der eigenen Aufzeichnungen wird die Antwort gegeben. Die zugehörigen Begründungen sind in Popup-Fenstern versteckt, um zunächst Gelegenheit zu eigenständigen Überlegungen zu geben.

Begründung, dass jeder Innenwinkel 135° misst: Jeder Innenwinkel des Achtecks setzt sich zusammen aus einem Innenwinkel eines Teilquadrats sowie einem halben Innenwinkel des Nachbarteilquadrats.

Begründung, das nicht alle Seiten gleich lang sind: Die Seiten des Achtecks entstehen abwechselnd aus einer Seite bzw. einer Diagonale der Teilquadrate. Die Diagonale eines Quadrats ist länger als die Seite des Quadrats!

Blatt 1.3: Begründung

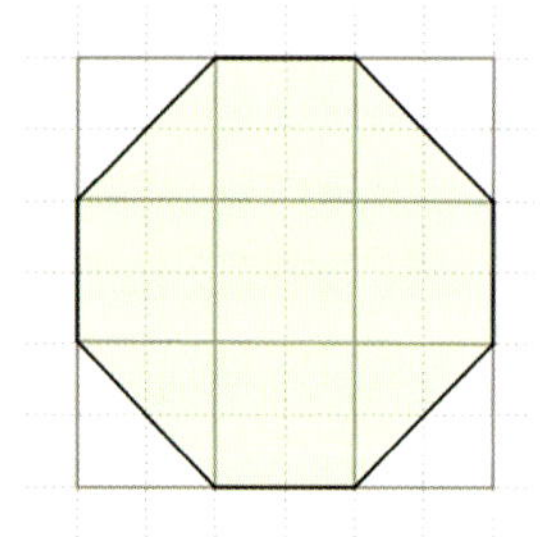

- Die Innenwinkel sind alle gleich groß.

Begründung

- Die Seiten sind nicht alle gleich lang.

Begründung

Blatt 2.1: Vom Quadrat zum Achteck

- Klicke wiederholt auf den Button ▶ unterhalb der Zeichenfläche. Es entsteht schrittweise ein Achteck.

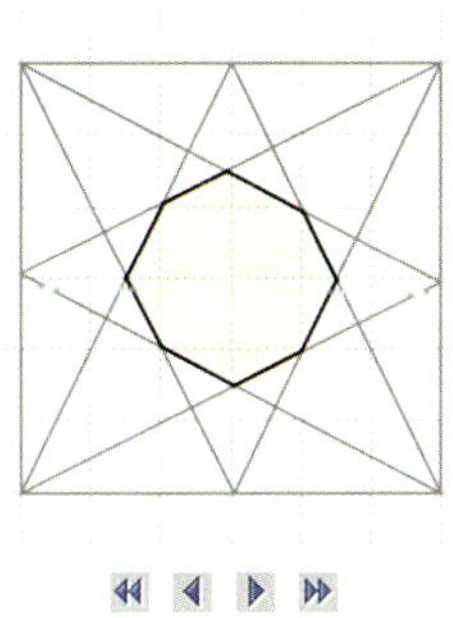

- Zeichne die Figur in dein Lerntagebuch.
  Nutze dabei geschickt die Kästchenstruktur des Zeichenblattes.

- Ist dieses Achteck regelmäßig?

Vom Quadrat zum Achteck

Wiederum wird schrittweise – von einem Quadrat ausgehend – ein Achteck erzeugt. Auch diese Konstruktion soll im Lerntagebuch auf traditionelle Weise nachvollzogen werden. Vermutungen über die mögliche Regelmäßigkeit des im Innern des Quadrats entstandenen Achtecks werden im Lerntagebuch notiert.

Erkunden des Achtecks

Mit Hilfe der Symmetrieachsen des Quadrats lässt sich eine Aussage über die Längen der Seiten des Achtecks begründen.

Blatt 2.2: Erkunden des Achtecks

- Durch Klicken auf den Button ▸ kannst du die vier Symmetrieachsen des Quadrats einblenden.

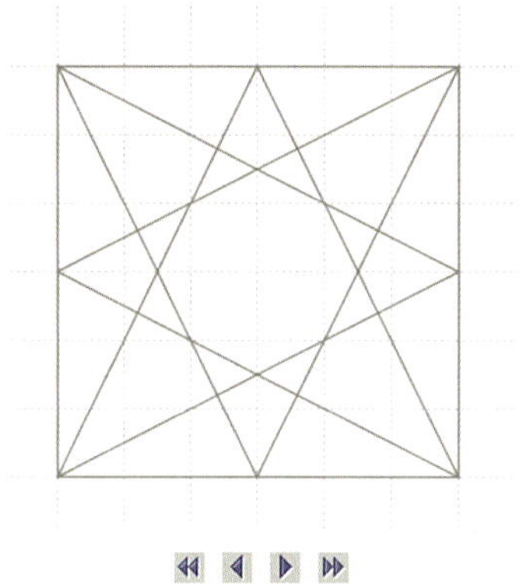

Die Symmetrieachsen des Quadrats sind gleichzeitig Symmetrieachsen des Achtecks.

Daher sind je zwei Nachbarseiten und somit alle Seiten des Achtecks gleich lang.

Blatt 2.2: Erkunden des Achtecks

- Durch Klicken auf den Button ▸ kannst du die vier Symmetrieachsen des Quadrats einblenden.

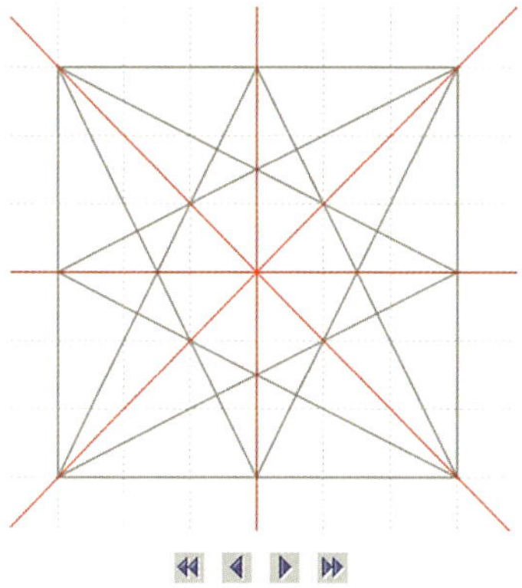

Die Symmetrieachsen des Quadrats sind gleichzeitig Symmetrieachsen des Achtecks.

Daher sind je zwei Nachbarseiten und somit alle Seiten des Achtecks gleich lang.

Blatt 2.3: Erkunden des Achtecks

GEONExT

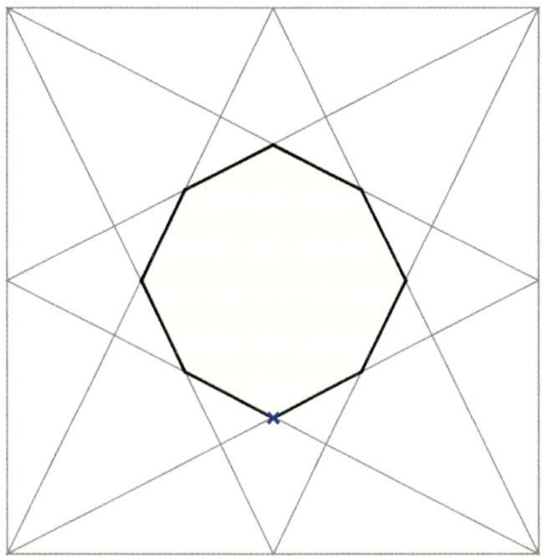

- Drehe das Achteck am blauen Punkt, und zwar schrittweise von Eckpunkt zu Eckpunkt.
- Notiere deine Beobachtungen in dein Lerntagebuch.

Vermutung

Blatt 2.3: Erkunden des Achtecks

GEONExT

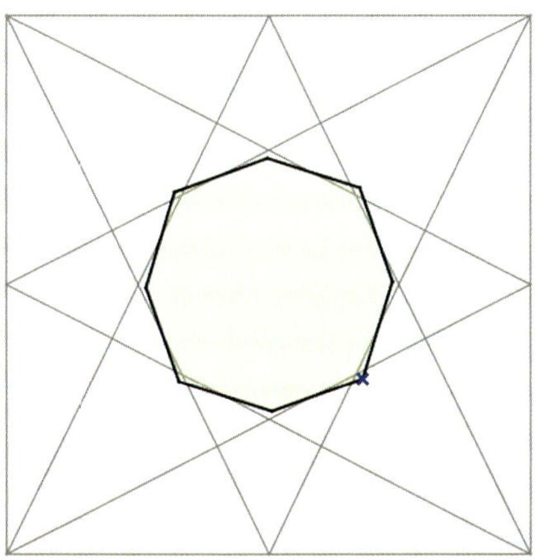

- Drehe das Achteck am blauen Punkt, und zwar schrittweise von Eckpunkt zu Eckpunkt.
- Notiere deine Beobachtungen in dein Lerntagebuch.

Vermutung

Erkunden des Achtecks

Die Aufmerksamkeit gilt jetzt den Innenwinkeln. Ein schrittweises Drehen des Achtecks um seinen Mittelpunkt von Eckpunkt zu Eckpunkt gibt den Anstoß zu einer Vermutung. Die eigenen Aufzeichnungen können dann mit der Aussage im Popup-Fenster verglichen werden.

Beweis

Der Nachweis der Vermutung ist verhältnismäßig komplex. Daher sollen die Schüler hier lediglich versuchen, den angeführten Beweis zu verstehen und nachzuvollziehen. Die Mouseover-Effekte erleichtern dieses Vorhaben.

Die entscheidende Idee ist das Betrachten der beiden gleichschenkligen Dreiecke mit „Spitzen“ F und G, die beide zwar gleich lange Schenkel, aber unterschiedlich lange Basisseiten besitzen.

Der Beweis eignet sich auch für eine Präsentation durch einen Schüler vor der Klasse. Es besteht die Möglichkeit, den Beweis auszudrucken (Druckversion im PDF-Format in der Übersicht).

Blatt 2.4: Beweis

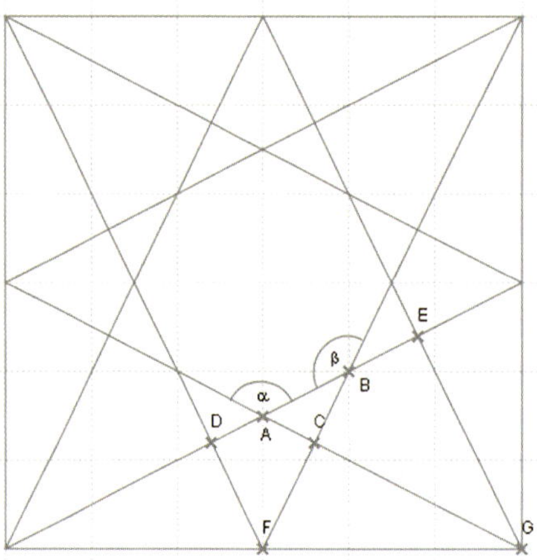

α und β sind zwei benachbarte Innenwinkel des Achtecks.

- Wir betrachten die beiden rechtwinkligen Drachenvierecke ADFC und BCGE (rechte Winkel bei D, C, E).
- Der Winkel bei A ist gleich α (Scheitelwinkel), daher ist der Winkel bei F gleich 180°- α.
- Der Winkel bei B ist gleich β (Scheitelwinkel), daher ist der Winkel bei G gleich 180°- β.
- F und G sind die "Spitzen" zweier gleichschenkliger Dreiecke mit gleicher Schenkellänge, aber verschieden langen Basisseiten (Quadratseite bzw. halbe Diagonalenlänge).
- Daher sind die Winkel an den Spitzen F und G verschieden groß. Also ist

  $180° - \alpha \neq 180° - \beta$,

  d.h. $\alpha \neq \beta$.

  Damit ist das Achteck nicht regelmäßig.

Blatt 3.1: Vom Quadrat zum Achteck

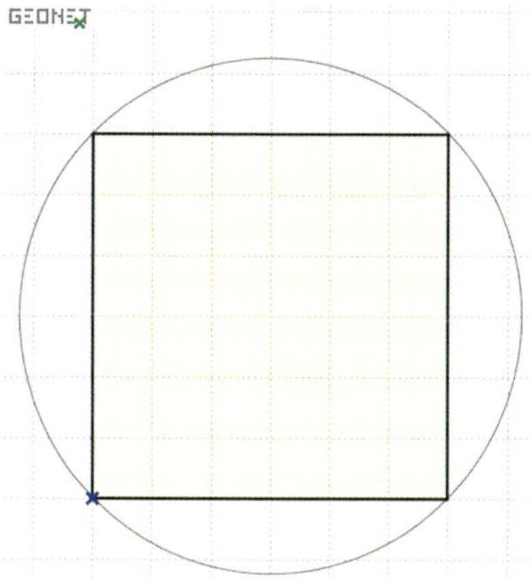

- Drehe das Quadrat mit Hilfe des blauen Punktes um 45° entgegen dem Uhrzeigersinn.
- Die Eckpunkte der beiden gegeneinander verdrehten Quadrate bilden ein Achteck.

Ist dieses Achteck regelmäßig?

Blatt 3.1: Vom Quadrat zum Achteck

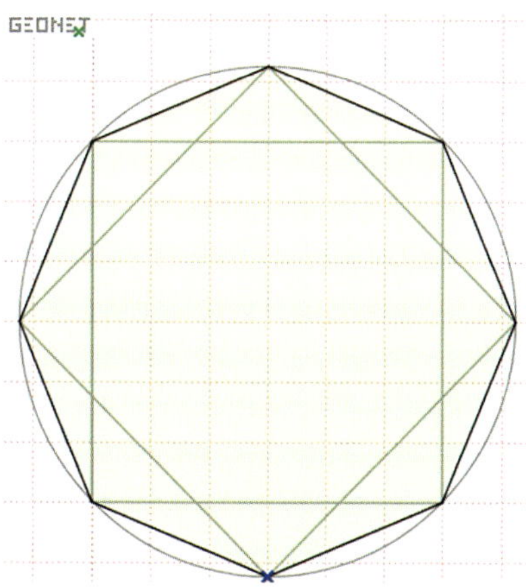

- Drehe das Quadrat mit Hilfe des blauen Punktes um 45° entgegen dem Uhrzeigersinn.
- Die Eckpunkte der beiden gegeneinander verdrehten Quadrate bilden ein Achteck.

Ist dieses Achteck regelmäßig?

Vom Quadrat zum Achteck

Die dritte Variante der Achteckkonstruktion aus einem Quadrat erfolgt durch eine Drehung des Startquadrats um 45° entgegen dem Uhrzeigersinn. Auch hier wird wiederum nach der Regelmäßigkeit gefragt.

Konstruktion und Überlegungen

Diese Konstruktion soll ebenfalls mit Zirkel und Lineal im Lerntagebuch nachvollzogen werden. Anschließend soll in Partnerarbeit eine Begründung für die Regelmäßigkeit gefunden werden. Nach den inzwischen gesammelten Erfahrungen dürfte der Hinweis, dass Seitenlängen und Innenwinkel zu betrachten sind, (hoffentlich) überflüssig sein.

Blatt 3.2: Konstruktion und Überlegungen

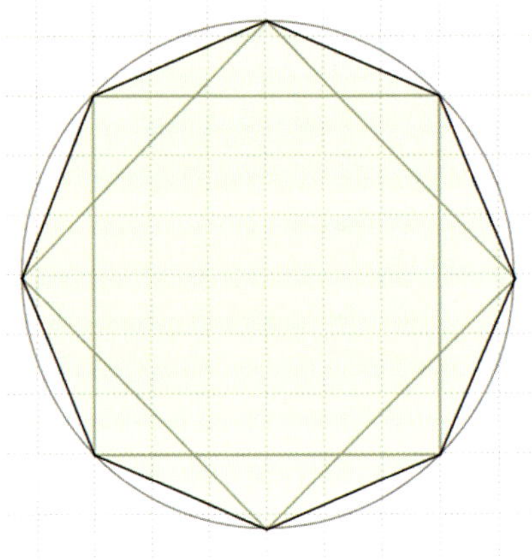

- Konstruiere das Achteck in dein Lerntagebuch.
- Versuche gemeinsam mit deinem Nachbarn zu begründen, warum das Achteck regelmäßig ist.

  Betrachte dazu die Seitenlängen und die Innenwinkel.

Blatt 3.2: Konstruktion und Überlegungen

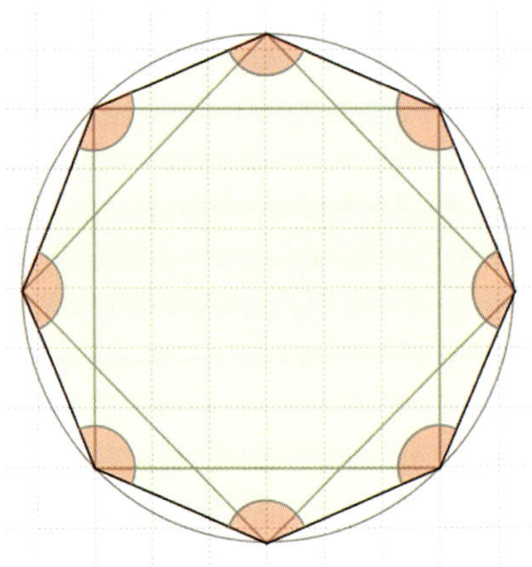

- Konstruiere das Achteck in dein Lerntagebuch.
- Versuche gemeinsam mit deinem Nachbarn zu begründen, warum das Achteck regelmäßig ist.

  Betrachte dazu die Seitenlängen und die Innenwinkel.

Blatt 3.3: Beweis

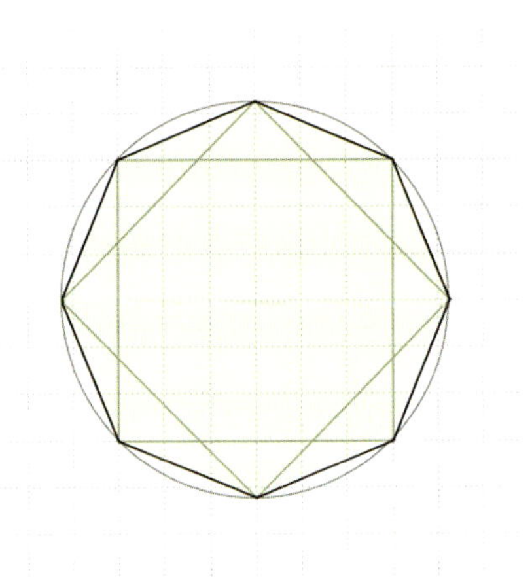

- Die Symmetrieachsen des Ausgangsquadrats sind gleichzeitig Symmetrieachsen des gedrehten Quadrats.

  Daher sind zwei Nachbarseiten und somit alle Seiten des Achtecks gleich lang.

- Betrachte ein Teildreieck in der Achteckfigur.

  Das Dreieck ist gleichschenklig mit einem Winkel von 45° an der Spitze. Jeder Basiswinkel misst daher 135°/2.
  Für einen Innenwinkel des Achtecks erhalten wir somit 135°.

  Wenden wir dieses Argument auf alle Bestimmungsdreiecke des Achtecks an, erhalten wir die Größe von 135° für jeden Innenwinkel.

Blatt 3.3: Beweis

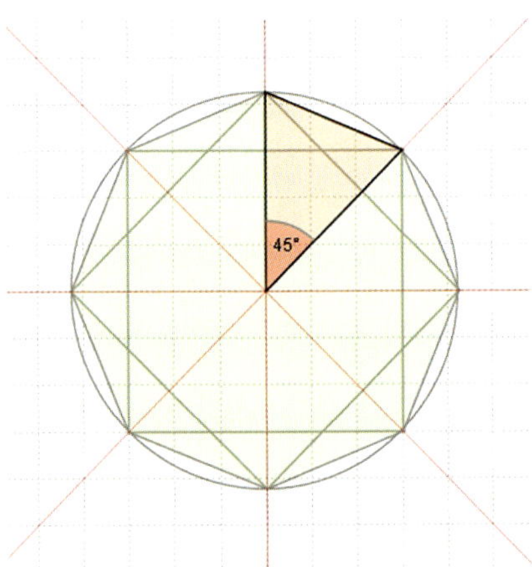

- Die Symmetrieachsen des Ausgangsquadrats sind gleichzeitig Symmetrieachsen des gedrehten Quadrats.

  Daher sind zwei Nachbarseiten und somit alle Seiten des Achtecks gleich lang.

- Betrachte ein Teildreieck in der Achteckfigur.

  Das Dreieck ist gleichschenklig mit einem Winkel von 45° an der Spitze. Jeder Basiswinkel misst daher 135°/2.
  Für einen Innenwinkel des Achtecks erhalten wir somit 135°.

  Wenden wir dieses Argument auf alle Bestimmungsdreiecke des Achtecks an, erhalten wir die Größe von 135° für jeden Innenwinkel.

Beweis

Diesmal führt die Konstruktion tatsächlich zu einem regelmäßigen Achteck. Der ausführliche Beweis mit optischen Hervorhebungen (Mouseover-Effekt) dient zum Vergleich mit den eigenen Begründungsversuchen.

Achsenspiegelung

Die Lernumgebung bietet eine Einführung zu den Themen „achsensymmetrische Figuren“ und „Achsenspiegelung“. Die Schüler benötigen keine Vorkenntnisse zur Symmetrie oder im Umgang mit Zirkel und Lineal.

Beim ersten Blatt (Entdeckungen am Schmetterling) kann man experimentell Grunderfahrungen zu achsensymmetrischen Figuren sammeln. Beim Finden achsensymmetrischer Punkte mit Hilfe eines Gitters werden erste Eigenschaften der Achsenspiegelung entdeckt. Man kann die Spiegelpunkte auch ohne Gitter mit Hilfe eines virtuellen Geodreiecks finden. Die hier gewonnen Erfahrungen lassen sich unmittelbar im konventionellen Geometrieunterricht (mit Zirkel, Lineal und Bleistift) verwenden. Durch Einsatz des so genannten Spurmodus können die Schüler eine achsensymmetrische Figur durch Abfahren der Punkte der einen Hälfte der Figur erzeugen. Vier Experimente bieten die Möglichkeit, fundamentale Eigenschaften der Achsenspiegelung zu entdecken:

- Gleiche Entfernung von Punkt und Bildpunkt zu den Achsenpunkten.
- Entdecken einer einfachen Spiegelungskonstruktion.
- Geradentreue: Strecken und Geraden werden durch Achsenspiegelung wieder auf Strecken bzw. Geraden abgebildet.
- Kreistreue/Orientierung: Kreise werden durch Spiegelung wieder auf Kreise abgebildet. Die Orientierung eines Winkels ändert sich.

Zum Abschluss der Lernumgebung kann man ein physikalisches Experiment (Spiegelung eines Lichtstrahls) mathematisch mit GEONExT nachvollziehen. Die zuvor kennen gelernten Eigenschaften der Achsenspiegelung lassen sich anwenden.

Inhalt

- Grunderfahrungen zu achsensymmetrischen Figuren
- Spiegelung am Gitter
- Spiegelung mit dem Geodreieck
- Eigenschaften der Achsenspiegelung
- Lichtreflexion

Zeitrahmen

2–3 Stunden

Material

- Geodreieck
- Lerntagebuch

Entdeckungen am Schmetterling

An diesem Arbeitsblatt werden erste experimentelle Erfahrungen mit achsensymmetrischen Figuren gesammelt. Die Schüler sollen Lagebeziehungen zwischen sich entsprechenden Punkten und deren Verbindungsstrecken erarbeiten. Auch können sie dabei entdecken, dass es zu jeder achsensymmetrischen Figur eine Gerade (Symmetrieachse) gibt, von der Punkt und Bildpunkt gleichen Abstand haben.
Hier ist es möglich, nach Anklicken der jeweils blau hinterlegten Begriffe im Text (z.B. Punkt), auf dem Schmetterling zu zeichnen:
Einen Punkt erhält man durch Klicken auf die Zeichenfläche. Ein nicht korrekt gesetzter Punkt ist im Nachhinein noch mit der Maus verschiebbar (sobald er grün aufleuchtet).
Eine Strecke entsteht durch Klicken auf zwei Punkte, den zugehörigen Mittelpunkt erhält man durch Klicken auf die Strecke. Geraden zeichnet man, indem man zwei Punkte anklickt.

Blatt 1: Entdeckungen am Schmetterling

Lies zunächst folgende Anleitung.

- Setze einen Punkt auf eine markante Stelle des Schmetterlings und bestimme den entsprechenden Punkt auf der anderen Hälfte des Schmetterlings. Verbinde die beiden Punkte durch eine Strecke und wiederhole diesen Vorgang für verschiedene Stellen.

Rückgängig

- Welche gegenseitige Lage haben die Verbindungsstrecken? Notiere in dein Lerntagebuch.
- Bestimme alle Mittelpunkte der Verbindungsstrecken und verbinde zwei von ihnen durch eine Gerade. Was vermutest du? Notiere in dein Lerntagebuch.

Blatt 2: Achsenspiegelung am Gitter

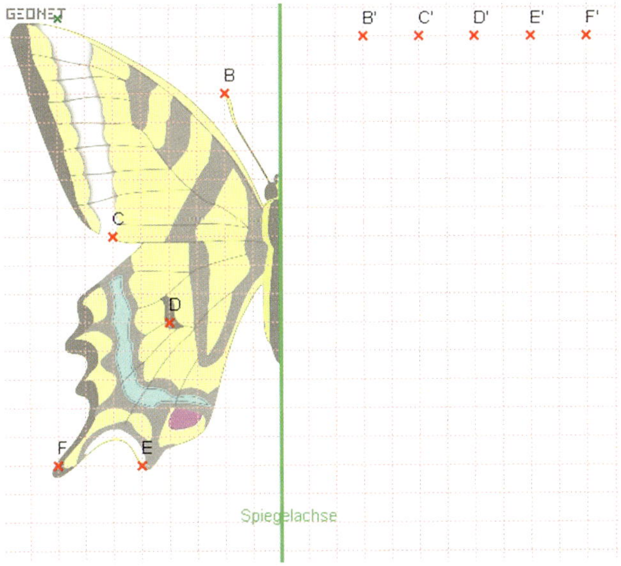

- Setze die jeweils entsprechenden Punkte (= Spiegelpunkte) B' - F' an die richtigen Stellen.
- Beschreibe, welche Rolle der Punkt M für die rote Strecke [BB'] spielt, wenn B' richtig gesetzt wurde.
- Welchen Winkel schließt [BB'] mit der Spiegelachse ein?
- Die beiden Beobachtungen für die Punkte B und B' gelten für **jedes** entsprechende Punktepaar!
- Notiere deine Überlegungen in dein Lerntagebuch unter Verwendung der Begriffe *Punkt* und *Spiegelpunkt*.

Achsenspiegelung am Gitter

Durch Vorgabe von Gitterlinien ist es leicht möglich, zu gegebenen Punkten die entsprechenden Bildpunkte anzugeben. So werden erste grundlegende Eigenschaften der Achsenspiegelung entdeckt, die für das Folgende (Verwendung einer schräg liegenden Spiegelachse) gebraucht werden.

Die Punkte B' bis F' lassen sich mit Hilfe der Maus verschieben. Über die Anwahl im Textfeld kann man sich die rote Strecke [BB'] einzeichnen lassen.

Achsenspiegelung mit dem Geodreieck

Durch Verwendung eines auf der Spiegelachse verschiebbaren Geodreiecks (es kann mit der Maus nach oben oder unten bewegt werden), ist es hier möglich, ohne Gitter die entsprechenden Spiegelpunkte durch Abmessen zu finden und somit den „Modellschmetterling“ zu vervollständigen.

Die Spiegelpunkte C' bis L' sind wieder mit der Maus verschiebbar.

Zur Kontrolle lässt sich der rechte Flügel des Schmetterlings durch Mausklick auf den Button „Zehneck“ erzeugen.

Blatt 3: Achsenspiegelung mit dem Geodreieck

Hier wird auf der linken Seite der Spiegelachse eine Schmetterlingshälfte angedeutet. Diesmal steht kein Gitternetz zur Verfügung. Mit Hilfe eines (beweglichen) Geodreiecks ist es jedoch möglich, die Spiegelpunkte zu finden - hier im Beispiel H - H'.

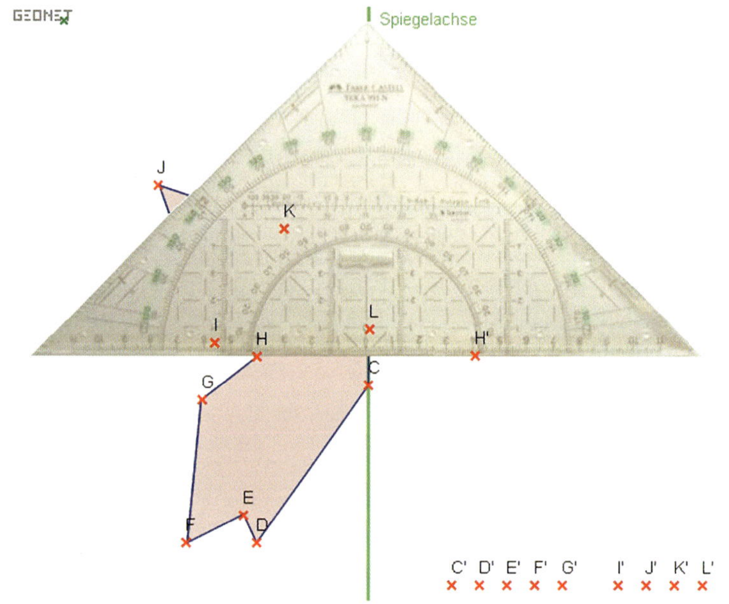

- Setze die noch fehlenden Spiegelpunkte an die richtige Stelle, indem du das Geodreieck geeignet verschiebst und zeichne dann den rechten Flügel durch Klicken auf den Button "Zehneck".

Zehneck

Blatt 4: Ein dynamisches Geodreieck

Mit diesem dynamischen Geodreieck lassen sich zu beliebigen Punkten Spiegelpunkte finden.

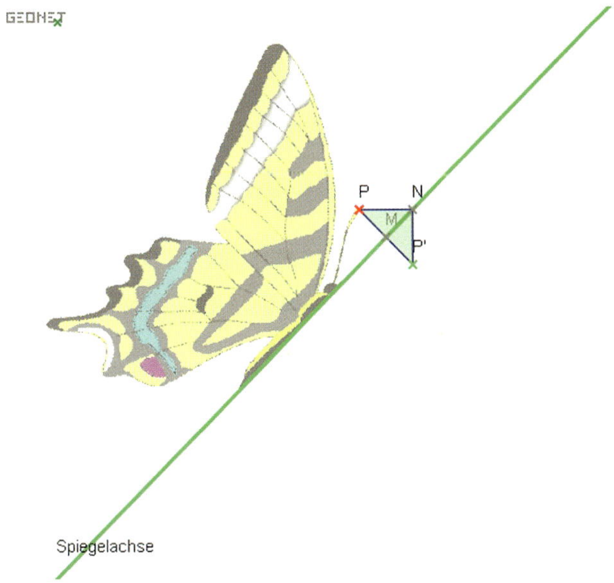

- Ziehe an P und beschreibe, was am Dreieck PP'N gleich bleibt und was sich verändert. Wie wurde der Spiegelpunkt P' konstruiert? Notiere eine Konstruktionsbeschreibung in dein Lerntagebuch.
- Setze P und P' in den Spurmodus und umfahre mit P die Schmetterlingshälfte. So hast du die Möglichkeit, eine symmetrische Figur zu zeichnen.

Ein dynamisches Geodreieck

Bei schräg liegender Spiegelachse lassen sich mit Hilfe eines „dynamischen Geodreiecks", das in seiner Größe veränderbar, jedoch weiterhin an die Spiegelachse gebunden ist, die Konturen einer Schmetterlingshälfte nachzeichnen und so (mit Hilfe des Spurmodus) auch die gespiegelte zweite Hälfte erzeugen. Die Konstruktionsbeschreibung verlangt vom Schüler ein nochmaliges Durchdenken und Formulieren der elementaren Eigenschaften der Achsenspiegelung.

Eigenschaften der Achsenspiegelung

Anhand von vier Experimenten entdecken Schüler weitere Eigenschaften der Achsenspiegelung. Dabei sollen sie zu jedem Experiment Ergebnisse in ihr Lerntagebuch notieren.

Experiment 1

Die Entfernungen eines Achsenpunktes A von Punkt und Bildpunkt sind stets gleich groß.

Durch Ziehen an den Punkten A oder P ist es möglich, beliebige Lagen auszutesten. Die Entfernungen werden dabei jeweils dynamisch angepasst und können jederzeit abgelesen werden.

Blatt 5: Eigenschaften der Achsenspiegelung

Im Folgenden ist der Punkt P' jeweils als Spiegelpunkt zu Punkt P konstruiert worden.
Führe die vier Experimente nacheinander durch und notiere zu jedem Experiment ein Ergebnis (eine Vermutung) in dein Lerntagebuch.

Hinweis: Vergrößere das jeweilige Zeichenfenster durch Doppelklick auf den oberen (blauen oder grauen) Balken:

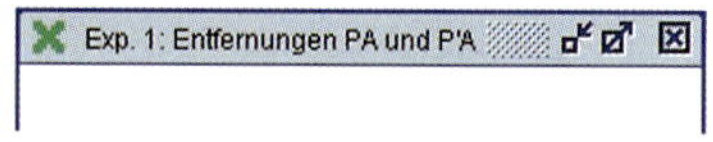

Schließe das jeweilige Experiment durch Klick auf das kleine Quadrat: 

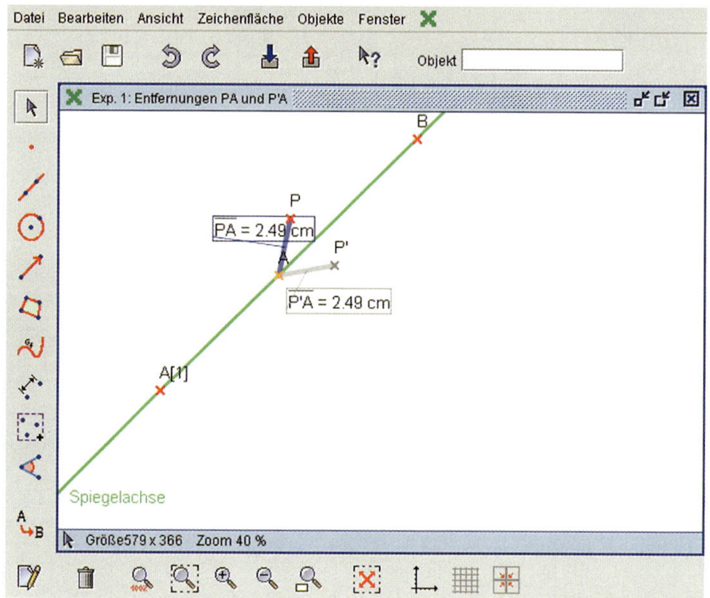

- Experiment 1:
  Beobachte die Entfernungen eines Achsenpunktes A von Punkt und Spiegelpunkt während du A bzw. P bewegst.
- Experiment 2:
  Bewege den Punkt A und setze ihn wieder an seinen Platz. Mache dasselbe mit B.
  Was vermutest du? Begründe!
  Wie kann man daraus ein Konstruktionsverfahren für den Spiegelpunkt gewinnen, das nur den Zirkel verwendet?
- Experiment 3:
  P ist an eine Gerade g gebunden. Beobachte das Verhalten von P'. Was passiert, wenn g senkrecht zur Spiegelachse steht? Richte g dazu am Lot aus, indem du D bewegst.
  Hinweis: Spuren lassen sich durch Klicken auf *Bearbeiten --> Spur löschen* entfernen.
- Experiment 4:
  P ist an einen Kreis gebunden. Beobachte das Verhalten von P' sowie die Winkel α und β. Was passiert, wenn der Kreismittelpunkt auf der Spiegelachse liegt?

Blatt 5: Eigenschaften der Achsenspiegelung

Im Folgenden ist der Punkt P' jeweils als Spiegelpunkt zu Punkt P konstruiert worden.
Führe die vier Experimente nacheinander durch und notiere zu jedem Experiment ein Ergebnis (eine Vermutung) in dein Lerntagebuch.

Hinweis: Vergrößere das jeweilige Zeichenfenster durch Doppelklick auf den oberen (blauen oder grauen) Balken:

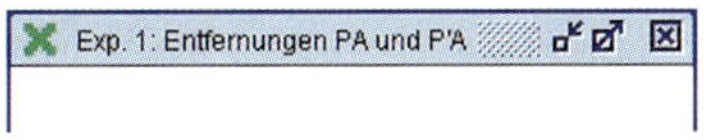

Schließe das jeweilige Experiment durch Klick auf das kleine Quadrat: 

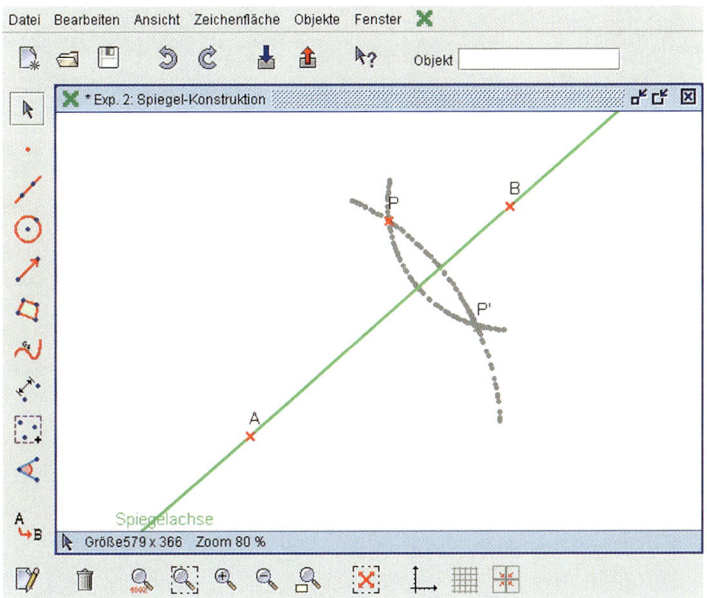

- Experiment 1:
  Beobachte die Entfernungen eines Achsenpunktes A von Punkt und Spiegelpunkt während du A bzw. P bewegst.
- Experiment 2:
  Bewege den Punkt A und setze ihn wieder an seinen Platz. Mache dasselbe mit B.
  Was vermutest du? Begründe!
  Wie kann man daraus ein Konstruktionsverfahren für den Spiegelpunkt gewinnen, das nur den Zirkel verwendet?
- Experiment 3:
  P ist an eine Gerade g gebunden. Beobachte das Verhalten von P'. Was passiert, wenn g senkrecht zur Spiegelachse steht? Richte g dazu am Lot aus, indem du D bewegst.
  Hinweis: Spuren lassen sich durch Klicken auf *Bearbeiten --> Spur löschen* entfernen.
- Experiment 4:
  P ist an einen Kreis gebunden. Beobachte das Verhalten von P' sowie die Winkel α und β. Was passiert, wenn der Kreismittelpunkt auf der Spiegelachse liegt?

Eigenschaften der Achsenspiegelung

Entwicklung eines einfachen Konstruktionsverfahrens für den Spiegelpunkt.

Experiment 2

Bewegt man die Spiegelachse durch Ziehen an A, so dreht sie sich um B. P' muss sich auf einer Kreislinie eines Kreises um B mit Radius $\overline{PB}$ bewegen, da P' von B immer gleich weit entfernt bleibt ([PB] ist fest!).
Bewegt man die Spiegelachse durch Ziehen an B, so dreht sie sich um A. Der Punkt P' muss sich auf einer Kreislinie eines Kreises um A mit Radius $\overline{PA}$ bewegen, weil P' von A immer gleich weit entfernt bleibt ([PA] ist fest!).
Lässt man A und B fest, so kann man umgekehrt schließen: P' liegt sowohl auf einem Kreis um B mit Radius $\overline{PB}$ als auch auf einem Kreis um A mit Radius $\overline{PA}$. Damit hat man ein Konstruktionsverfahren des Spiegelpunktes gefunden, für das man nur den Zirkel benötigt.

Eigenschaften der Achsenspiegelung

Experimentelles Entdecken der Geradentreue.

Experiment 3

P' ist als Spiegelpunkt von P konstruiert worden. Zudem befindet sich P' im Spurmodus. Bewegt man P entlang der Geraden g, dann sieht man, dass sich P' auf einer Geraden bewegt. Stellt man g senkrecht zur Spiegelachse ein (das ist mit Hilfe des Punktes D möglich), dann sind g und ihre Spiegelgerade g' identisch.

Allgemein gilt: g und g' schneiden sich auf der Spiegelachse.

Blatt 5: Eigenschaften der Achsenspiegelung

Im Folgenden ist der Punkt P' jeweils als Spiegelpunkt zu Punkt P konstruiert worden.
Führe die vier Experimente nacheinander durch und notiere zu jedem Experiment ein Ergebnis (eine Vermutung) in dein Lerntagebuch.

Hinweis: Vergrößere das jeweilige Zeichenfenster durch Doppelklick auf den oberen (blauen oder grauen) Balken:

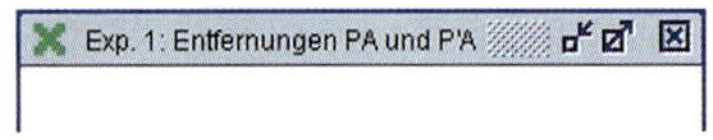

Schließe das jeweilige Experiment durch Klick auf das kleine Quadrat: 

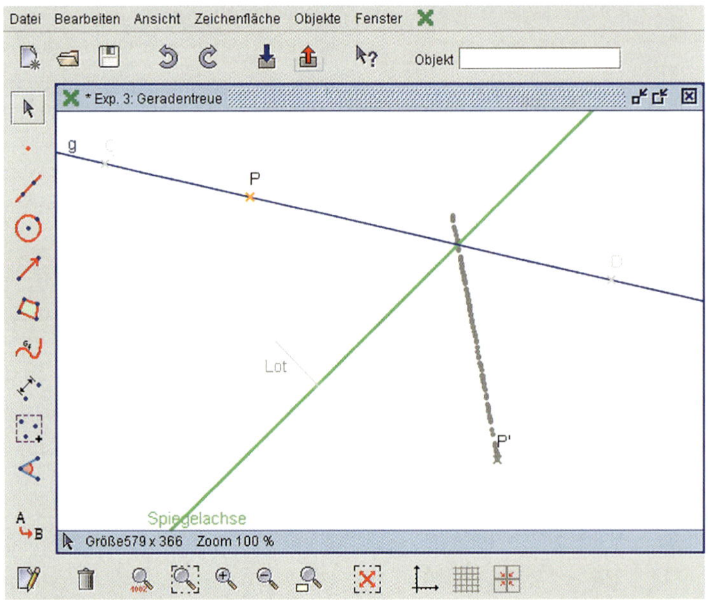

- Experiment 1:
  Beobachte die Entfernungen eines Achsenpunktes A von Punkt und Spiegelpunkt während du A bzw. P bewegst.
- Experiment 2:
  Bewege den Punkt A und setze ihn wieder an seinen Platz. Mache dasselbe mit B.
  Was vermutest du? Begründe!
  Wie kann man daraus ein Konstruktionsverfahren für den Spiegelpunkt gewinnen, das nur den Zirkel verwendet?
- Experiment 3:
  P ist an eine Gerade g gebunden. Beobachte das Verhalten von P'. Was passiert, wenn g senkrecht zur Spiegelachse steht? Richte g dazu am Lot aus, indem du D bewegst.
  Hinweis: Spuren lassen sich durch Klicken auf *Bearbeiten --> Spur löschen* entfernen.
- Experiment 4:
  P ist an einen Kreis gebunden. Beobachte das Verhalten von P' sowie die Winkel α und β. Was passiert, wenn der Kreismittelpunkt auf der Spiegelachse liegt?

Blatt 5: Eigenschaften der Achsenspiegelung

Im Folgenden ist der Punkt P' jeweils als Spiegelpunkt zu Punkt P konstruiert worden.
Führe die vier Experimente nacheinander durch und notiere zu jedem Experiment ein Ergebnis (eine Vermutung) in dein Lerntagebuch.

Hinweis: Vergrößere das jeweilige Zeichenfenster durch Doppelklick auf den oberen (blauen oder grauen) Balken:

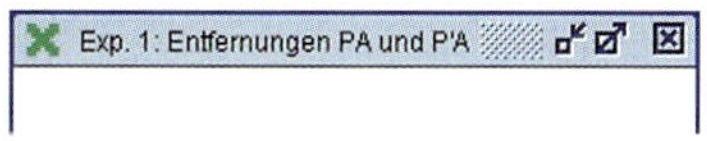

Schließe das jeweilige Experiment durch Klick auf das kleine Quadrat: 

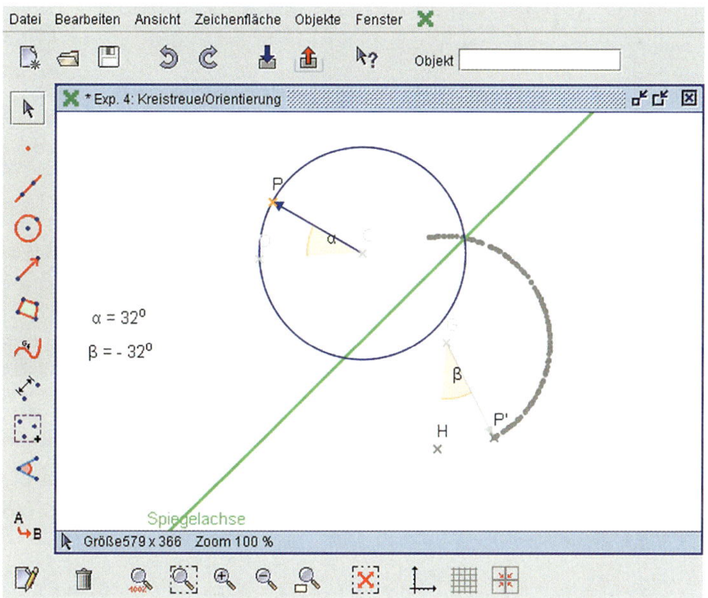

- Experiment 1:
  Beobachte die Entfernungen eines Achsenpunktes A von Punkt und Spiegelpunkt während du A bzw. P bewegst.
- Experiment 2:
  Bewege den Punkt A und setze ihn wieder an seinen Platz. Mache dasselbe mit B.
  Was vermutest du? Begründe!
  Wie kann man daraus ein Konstruktionsverfahren für den Spiegelpunkt gewinnen, das nur den Zirkel verwendet?
- Experiment 3:
  P ist an eine Gerade g gebunden. Beobachte das Verhalten von P'. Was passiert, wenn g senkrecht zur Spiegelachse steht? Richte g dazu am Lot aus, indem du D bewegst.
  Hinweis: Spuren lassen sich durch Klicken auf *Bearbeiten --> Spur löschen* entfernen.
- Experiment 4:
  P ist an einen Kreis gebunden. Beobachte das Verhalten von P' sowie die Winkel α und β. Was passiert, wenn der Kreismittelpunkt auf der Spiegelachse liegt?

Eigenschaften der Achsenspiegelung

Experimentelle zur Kreistreue und zur Orientierung.

Experiment 4

P' ist als Spiegelpunkt von P konstruiert worden. Zudem befindet sich P' im Spurmodus. Bewegt man P entlang einer Kreislinie, dann sieht man, dass sich auch P' auf einem Kreis bewegt. Beobachtet man bei der Bewegung die Veränderung der Winkel α und β, so sieht man deren gegenläufige Orientierung. Bewegt man z. B. den Punkt P mit dem Uhrzeigersinn, so bewegt sich P' gegen den Uhrzeigersinn. Das drückt sich beim Messwert auch im negativen Vorzeichen bei β aus.
Liegt der Mittelpunkt des Kreises auf der Spiegelachse, so sind Kreis und Spiegelkreis identisch.

Lichtreflexion

Hier wurde schräg an einer Wand streifendes Licht fotografiert, um den Strahlengang des Lichtstrahls einer Taschenlampe T (oben im Bild zu sehen) sichtbar zu machen. Schüler können somit nachvollziehen, dass die Reflexion eines Lichtstrahls an einem Spiegel einer Achsenspiegelung entspricht.
Durch ein dynamisches Konstruktionsverfahren gelingt es, den reflektierten Lichtstrahl im Modell zu erzeugen - in guter Übereinstimmung mit dem Experiment. Diese dynamische Konstruktion hat außerdem den Vorteil, dass man durch Ziehen an T unterschiedliche Einfallswinkel simulieren kann.
Zuerst sollte man das Bild verkleinern, damit für die Spiegelkonstruktion genug Platz ist. Anschließend klickt man auf die jeweils blau hinterlegten Begriffe und kann damit durch eine Steuerung von außen Konstruktionen auf dem GEONExT-Blatt vornehmen.
Wir erhalten das aus dem Physikunterricht bekannte Ergebnis:
Die Winkel des ein- und ausfallenden Lichtstrahls gegenüber dem Einfallslot sind gleich.

Blatt 6: Lichtreflexion

Eine Taschenlampe sendet (von T) einen Lichtstrahl b (hier blau nachgezeichnet) aus, der an einem Spiegel (grüne Spiegelachse) reflektiert wird. S ist der Auftreffpunkt des Lichtstrahls auf der Spiegeloberfläche. Um das Spiegelbild von b geometrisch zu erhalten, muss T nur an der grünen Geraden gespiegelt und mit S verbunden werden.

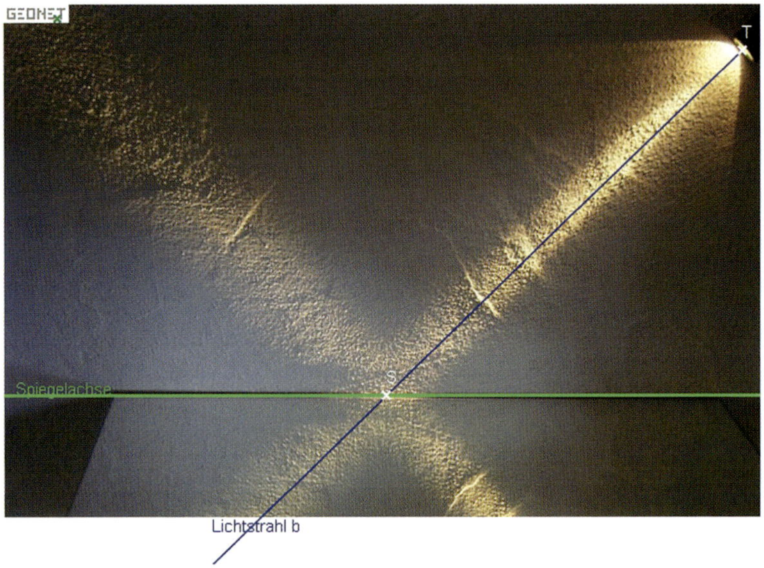

- Verkleinere das Bild und spiegle T an der Spiegelachse. Du erhältst T'.
- Mache den gespiegelten Strahl T'S sowie das Lot im Auftreffpunkt S sichtbar. Man nennt es das **Einfallslot**.
- Beobachte die Winkel α und α' des ein- bzw. ausfallenden Lichtstrahls gegenüber dem Einfallslot und die Winkel Winkel β und β' (Winkel zur Spiegelachse) . Bewege auch T, um den Lichtstrahl unter einem anderen Winkel auftreffen zu lassen.
- Notiere deine Ergebnisse ins Lerntagebuch und versuche sie mit Hilfe der Eigenschaften der Achsenspiegelung zu begründen.

Billard und Minigolf

In dieser Lernumgebung werden Kenntnisse der Achsenspiegelung zur Lösung von Problemstellungen beim Billardspiel und beim Minigolf benötigt.

Wir betrachten beim Billard ausschließlich zentrale Stöße. Dabei wird eine ruhende Kugel so angestoßen, dass eine (gedachte) Gerade durch den Treffpunkt und den Mittelpunkt der ruhenden Kugel stets in Stoßrichtung verläuft.

Durch einen Klick auf „Übersicht“ in der Navigationsleiste erhält man die Auflistung aller dynamischen Arbeitsblätter der Lernumgebung. Hier finden sich auch die Druckvorlagen (PDF) für die durchzuführenden Konstruktionen mit Zirkel und Lineal.

Inhalt

- Experimentieren und Konstruieren
- Billard
  - Reflexion an einer Bande
  - Spiel über zwei Banden
- Minigolf

Zeitrahmen

1 Doppelstunde

Material

- Geodreieck
- Lineal
- Zirkel
- 3 Zeichenvorlagen (auf der CD-ROM)
- Lerntagebuch

Reflexion an einer Bande

Die Ausgangssituation zeigt einen Billardtisch mit einer weißen und einer roten Kugel. Die gestrichelte Linie gibt dabei den Weg der weißen Kugel nach einem zentralen Stoß und einer Bandenreflexion an. Die weiße Kugel soll nun so gespielt werden, dass sie die rote Kugel nach einem Zusammenstoß versenkt. Durch Drehen des Queues an dessen hinteren Ende gelangt man zu einer experimentellen Lösung.
Um andere Spielsituationen zu erhalten, lässt sich die weiße Kugel mit Hilfe der Maus neu positionieren.
Die Schüler sollen erkennen, dass beim Spiel über die Bande der Anstoßwinkel stets gleich dem Abstoßwinkel ist.

Blatt 1: Reflexion an einer Bande

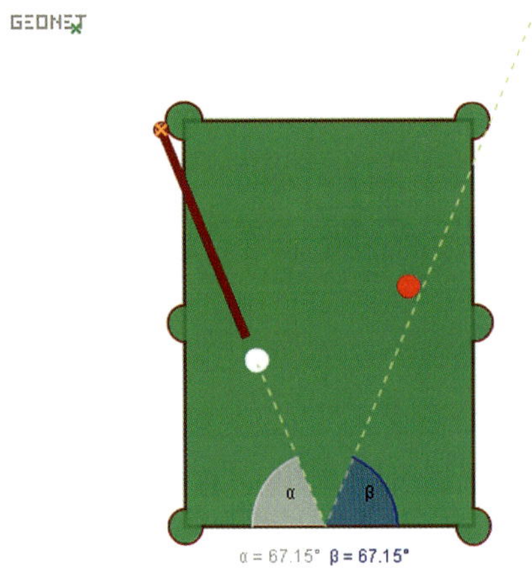

- Drehe den Queue so, dass die weiße Kugel nach dem Anspielen und einer Bandenberührung die rote Kugel in Richtung eines Loches anstößt.
  Die Lage der weißen Kugel lässt sich mit der Maus variieren.
- Was fällt dir auf? Notiere deine Beobachtungen in dein Lerntagebuch.

Blatt 1: Reflexion an einer Bande

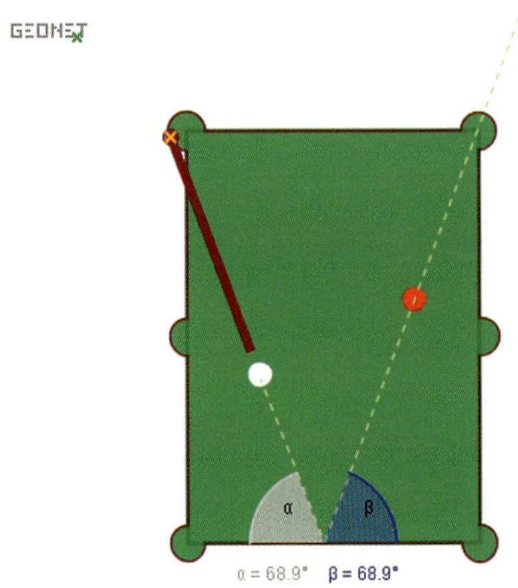

- Drehe den Queue so, dass die weiße Kugel nach dem Anspielen und einer Bandenberührung die rote Kugel in Richtung eines Loches anstößt.
  Die Lage der weißen Kugel lässt sich mit der Maus variieren.
- Was fällt dir auf? Notiere deine Beobachtungen in dein Lerntagebuch.

Blatt 2: Bestimmen des Reflexionspunktes - Experimentieren

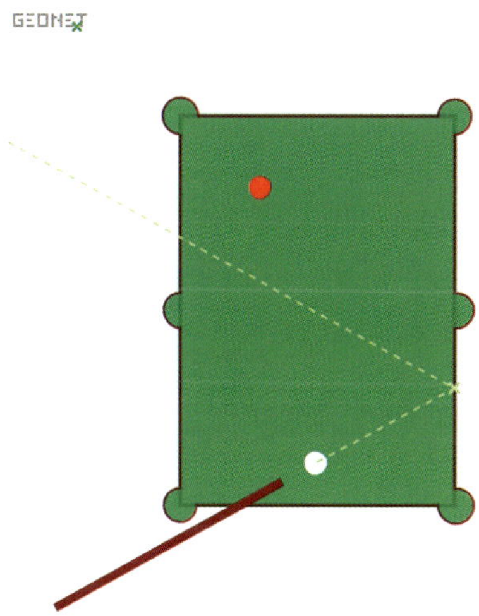

Die rote Kugel soll eingelocht werden. Zuvor soll die weiße Spielkugel einmal die rechte Bande berühren.

- Verändere den Reflexionspunkt an der Bande und beobachte dabei die Bahn der weißen Kugel.

An welcher Stelle muss die Bande angespielt werden, damit die rote Kugel getroffen wird?

- Blende das Bild der roten Kugel bei Spiegelung an der Bande ein.
- Skizziere die Situation in dein Lerntagebuch. Notiere eine Vermutung und versuche, sie zu begründen. Erinnere dich an Blatt 1.

Animation

Blatt 2.1: Animation

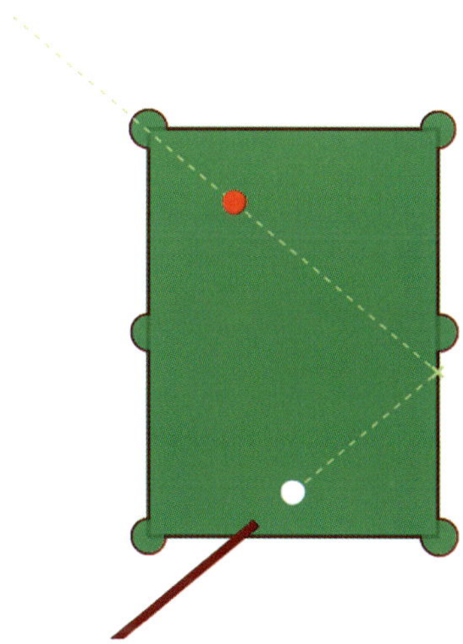

Bestimmen des Reflexionspunktes – Experimentieren

Wie lässt sich nun die Stelle an der Bande finden, an der die weiße Spielkugel nach der Reflexion die rote Kugel anstößt und in Richtung Loch befördert? Dies geschieht zunächst experimentell durch Ziehen am Berührpunkt (= Reflexionspunkt).

Mit dem Mouseover-Effekt kann das Spiegelbild der roten Kugel eingeblendet werden. (Klicken auf das GEONExT-Logo stellt die Ausgangssituation her.)

Die Schüler äußern nun eine Vermutung zur Position des Reflexionspunktes, sie schreiben diese in ihr Lerntagebuch und versuchen eine Begründung zu formulieren.

Der Klick auf den Button „Animation" zeigt den Bewegungsablauf zur Veranschaulichung der Spielsituation. Man startet sie mit einem Klick auf den rechten Pfeil-Button; mit dem linken Button gelangt man zur Ausgangssituation zurück.

Bestimmen des Reflexionspunktes – Konstruieren

Die Überlegungen von Blatt 2 werden nun in einer Konstruktion umgesetzt. Das Arbeitsblatt zeigt die Konstellation der Kugeln auf dem Tisch. Die rote Kugel soll eingelocht werden. Der Reflexionspunkt und damit der Weg der weißen Spielkugel sind zu konstruieren. Die entscheidende Idee dabei ist, dass man nicht die rote Kugel, sondern deren Spiegelbild anvisiert. Damit wird deutlich, dass als erstes dieser Spiegelpunkt konstruiert werden muss, die Konstruktion also „rückwärts“ erfolgt.

Die einzelnen Konstruktionsschritte werden nacheinander per Mausklick aufgezeigt. Diese Abfolge dient als Leitlinie für eine klassische Konstruktion mit Zirkel und Lineal. Das zugehörige Arbeitsblatt, auf dem die Schüler konstruieren sollen, gibt es als Druckvorlage im PDF-Format in der Übersicht.

Blatt 3: Bestimmen des Reflexionspunktes - Konstruktion

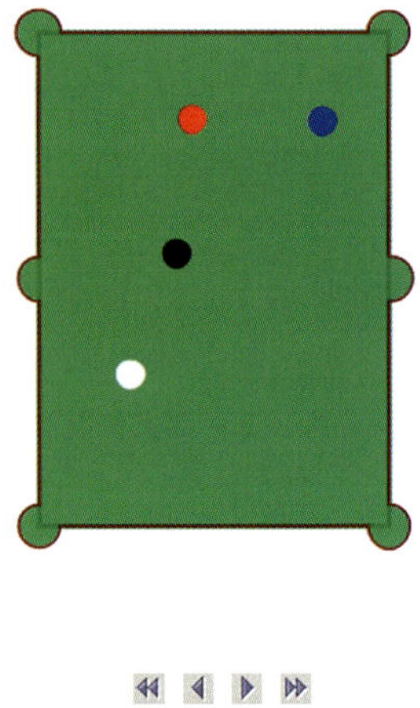

Wie muss die weiße Kugel gespielt werden, damit nach der Reflexion an der Bande die rote Kugel eingelocht wird?

- Klicke wiederholt auf den Button ▶ unterhalb der Zeichenfläche. Schrittweise werden der Reflexionspunkt und der Weg der weißen Spielkugel konstruiert.
- Führe die Konstruktion auf dem ausgedruckten Arbeitsblatt durch (Druckvorlage in der Übersicht) und beschreibe die einzelnen Schritte im Lerntagebuch.

Blatt 3: Bestimmen des Reflexionspunktes - Konstruktion

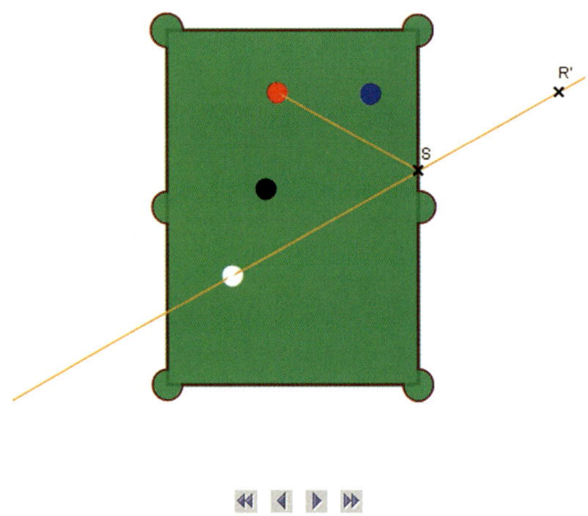

Wie muss die weiße Kugel gespielt werden, damit nach der Reflexion an der Bande die rote Kugel eingelocht wird?

- Klicke wiederholt auf den Button ▶ unterhalb der Zeichenfläche. Schrittweise werden der Reflexionspunkt und der Weg der weißen Spielkugel konstruiert.
- Führe die Konstruktion auf dem ausgedruckten Arbeitsblatt durch (Druckvorlage in der Übersicht) und beschreibe die einzelnen Schritte im Lerntagebuch.

Blatt 4.1: Spiel über zwei Banden

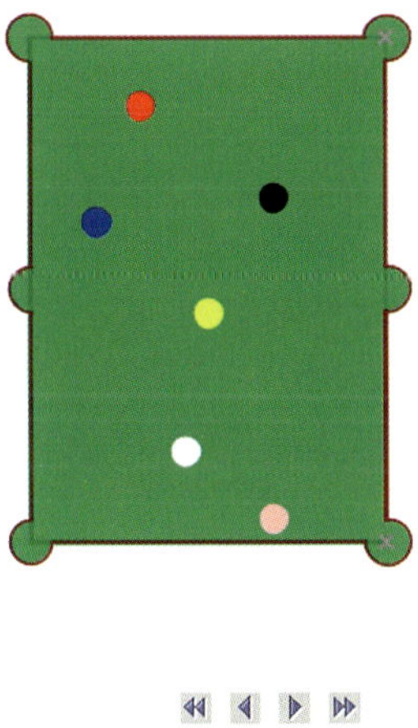

Wie muss die weiße Kugel gespielt werden, damit nach Reflexionen an der rechten und an der oberen Bande die rote Kugel getroffen wird?

- Klicke wiederholt auf den Button ▶ unterhalb der Zeichenfläche. Schrittweise werden die Reflexionspunkte und der Weg der weißen Spielkugel konstruiert.
- Führe die Konstruktion auf dem ausgedruckten Arbeitsblatt durch (Druckvorlage in der Übersicht) und beschreibe die einzelnen Schritte im Lerntagebuch.

Blatt 4.1: Spiel über zwei Banden

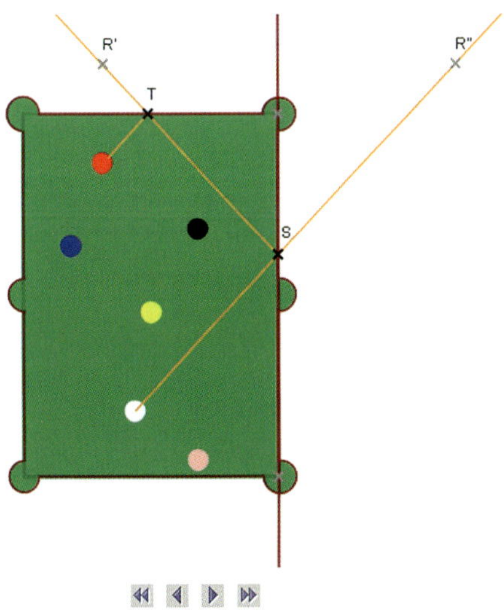

Wie muss die weiße Kugel gespielt werden, damit nach Reflexionen an der rechten und an der oberen Bande die rote Kugel getroffen wird?

- Klicke wiederholt auf den Button ▶ unterhalb der Zeichenfläche. Schrittweise werden die Reflexionspunkte und der Weg der weißen Spielkugel konstruiert.
- Führe die Konstruktion auf dem ausgedruckten Arbeitsblatt durch (Druckvorlage in der Übersicht) und beschreibe die einzelnen Schritte im Lerntagebuch.

Spiel über zwei Banden

Eine Erweiterung der Problemstellung führt zum Spiel über zwei Banden. Dieses Arbeitsblatt dient zur Vertiefung beziehungsweise als zusätzliche Aufgabe für „schnelle" Schüler (falls die folgenden Minigolf-Probleme nicht behandelt werden).

Im Unterschied zu Blatt 3 soll die Spielkugel jetzt an zwei Banden reflektiert werden, bevor sie die rote Kugel anstößt. Die Vorgehensweise wiederholt sich. Durch mehrfachen Mausklick wird schrittweise die Konstruktionsabfolge aufgezeigt.

Für die klassische Konstruktion mit Zirkel und Lineal steht wieder ein ausdruckbares Arbeitsblatt im PDF-Format zur Verfügung.

Spiel über zwei Banden

Die Konstruktion von Blatt 4.1 lässt sich auch mit Hilfe der Punktspiegelung erstellen. Die Mouseover-Effekte des Arbeitsblattes illustrieren diese Vorgehensweise. Das Arbeitsblatt im PDF-Format muss nochmals ausgedruckt werden, um die Konstruktion mit Zirkel und Lineal durchzuführen.

Blatt 4.2: Spiel über zwei Banden

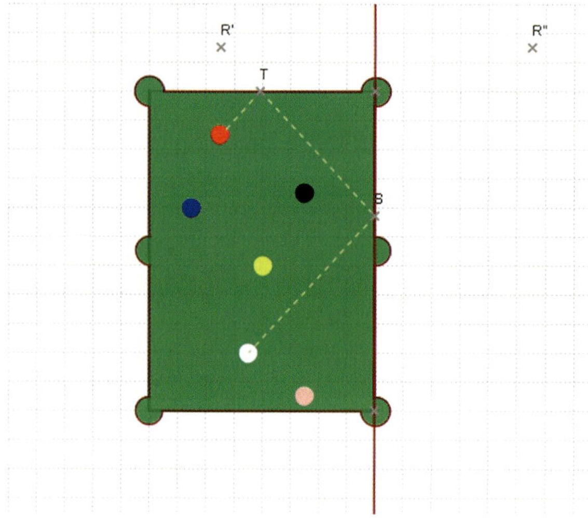

Die beiden Spiegelachsen stehen aufeinander senkrecht. Daher können wir den Reflexionspunkt S auch durch Punktspiegelung erhalten.

- Führe die Konstruktion ebenfalls auf einem ausgedruckten Arbeitsblatt aus.

Blatt 4.2: Spiel über zwei Banden

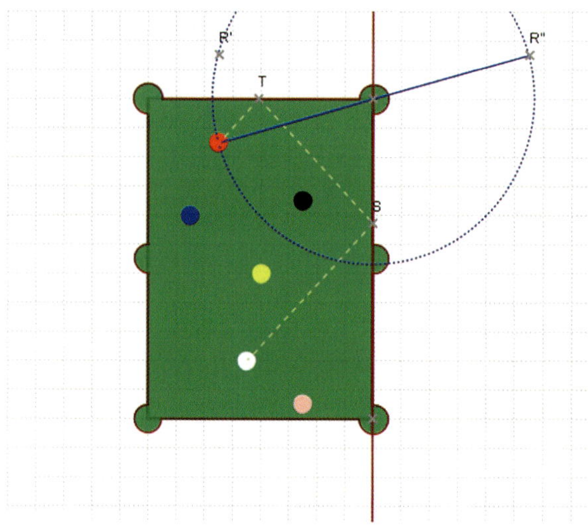

Die beiden Spiegelachsen stehen aufeinander senkrecht. Daher können wir den Reflexionspunkt S auch durch Punktspiegelung erhalten.

- Führe die Konstruktion ebenfalls auf einem ausgedruckten Arbeitsblatt aus.

Blatt 5: Minigolf - Experimentieren

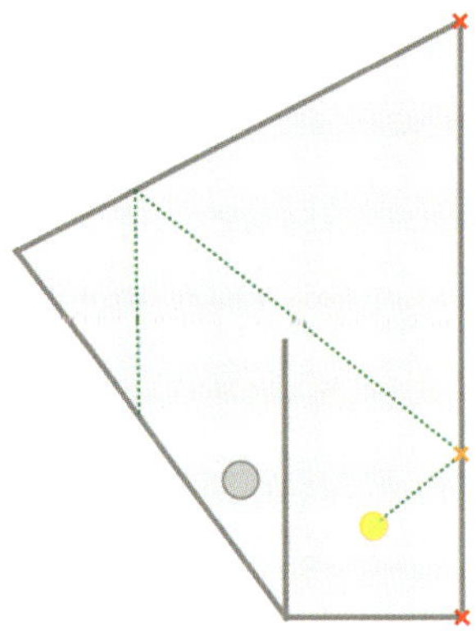

Auch beim Minigolf lässt sich der (gelbe) Ball mit einem Schlag im Loch versenken, wenn er an den richtigen Stellen von den Rändern der Spielbahn reflektiert wird.

- Finde durch Bewegen des Reflexionspunktes am rechten Bahnrand den idealen Weg des Balles.
- Vorändoro durch Ziehen an einem der beiden gekennzeichneten Eckpunkte die Spielbahn. Die Positionen von Ball und Loch lassen sich ebenfalls variieren.
  Finde wieder den jeweils idealen Weg des Balles.
- Welcher grundlegende geometrische Unterschied besteht zum Billard-Spiel?

Blatt 5: Minigolf - Experimentieren

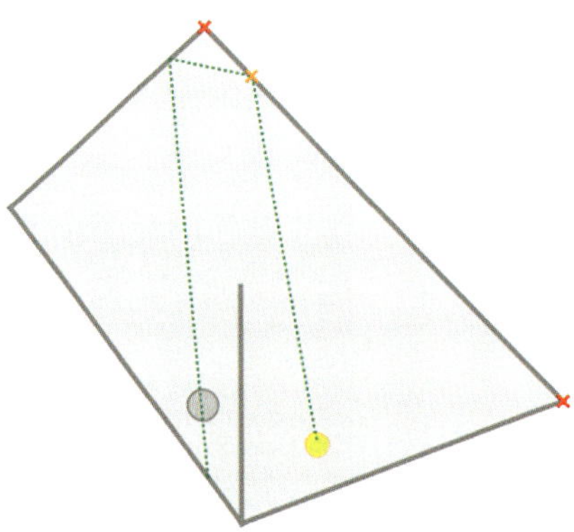

Auch beim Minigolf lässt sich der (gelbe) Ball mit einem Schlag im Loch versenken, wenn er an den richtigen Stellen von den Rändern der Spielbahn reflektiert wird.

- Finde durch Bewegen des Reflexionspunktes am rechten Bahnrand den idealen Weg des Balles.
- Verändere durch Ziehen an einem der beiden gekennzeichneten Eckpunkte die Spielbahn. Die Positionen von Ball und Loch lassen sich ebenfalls variieren.
  Finde wieder den jeweils idealen Weg des Balles.
- Welcher grundlegende geometrische Unterschied besteht zum Billard-Spiel?

Minigolf – Experimente

Eine Abwandlung des Billard-Problems findet man beim Minigolf. Die Schüler sollen ihre erworbenen Kenntnisse bei einer leicht veränderten Situation anwenden (die Spielfeldbegrenzungen stehen hier in der Regel nicht aufeinander senkrecht).

Der ideale Weg des Golfballes wird zunächst wieder experimentell bestimmt. Durch Verändern der Form des Spielfeldes sowie der Anfangslage des Balles und/oder der Position des Loches ergeben sich neue Spielsituationen.

Die Schüler werden aufgefordert, den grundsätzlichen geometrischen Unterschied zum Billardspiel zu erläutern.

Minigolf - Konstruktion

Zunächst wird die abschließende Frage von Blatt 5 beantwortet (Veranschaulichung durch Mouseover-Effekt). Das weitere Vorgehen ist von den entsprechenden „Billard-Arbeitsblättern“ bekannt. Die einzelnen Konstruktionsschritte werden durch wiederholten Mausklick dargestellt. Daran orientiert sich die Konstruktion der Schüler, die wieder mit Zirkel und Lineal auf dem ausgedruckten Arbeitsblatt (siehe Übersicht) ausgeführt wird.

Blatt 6: Minigolf - Konstruktion

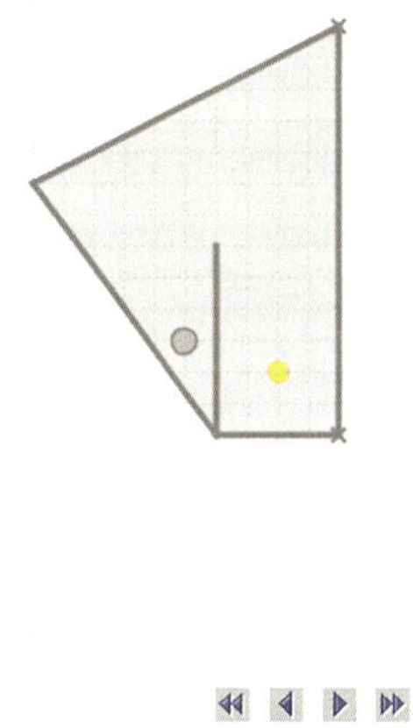

Im Unterschied zum Billard schneiden sich die beiden Spiegelachsen nicht unter einem rechten Winkel.

1. Klicke wiederholt auf den Button ▶ unterhalb der Zeichenfläche. Schrittweise werden die Reflexionspunkte und der Weg des Minigolfballs konstruiert.
2. Führe die Konstruktion auf dem ausgedruckten Arbeitsblatt durch (Druckvorlage in der Übersicht) und beschreibe die einzelnen Schritte im Lerntagebuch.

Blatt 6: Minigolf - Konstruktion

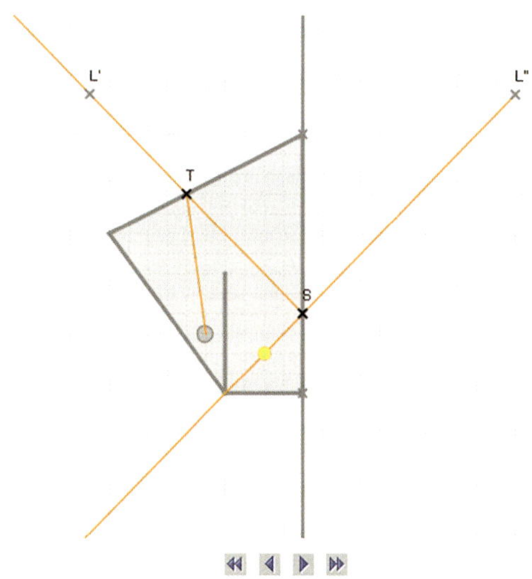

Im Unterschied zum Billard schneiden sich die beiden Spiegelachsen nicht unter einem rechten Winkel.

1. Klicke wiederholt auf den Button ▶ unterhalb der Zeichenfläche. Schrittweise werden die Reflexionspunkte und der Weg des Minigolfballs konstruiert.
2. Führe die Konstruktion auf dem ausgedruckten Arbeitsblatt durch (Druckvorlage in der Übersicht) und beschreibe die einzelnen Schritte im Lerntagebuch.

Eine Briefmarke voller Quadrate

Die Briefmarke voller Quadrate erschien 1998 anlässlich des Internationalen Mathematiker-Kongresses in Berlin. Mit der Lernumgebung können Schüler viel Mathematik in der Briefmarke entdecken. Insbesondere geht es um Fragen wie:

- Lässt sich jedes Rechteck in voneinander verschiedene Quadrate zerlegen?
- Können voneinander verschiedene Quadrate so zusammengefügt werden, dass sie ein Rechteck bilden?

Zielgruppe sind Schüler etwa ab der 8. Jahrgangsstufe. Sie sollten bereits einfache Gleichungssysteme aus zwei Gleichungen mit zwei Unbekannten lösen können.
Da die Lernumgebung zahlreiche abgestufte Tipps und Lösungen zu den Aufgaben enthält, eignet sie sich auch und insbesondere zum individuellen Arbeiten der Schüler.
Aufgrund des relativ großen Umfangs der Lernumgebung wird im Folgenden nur ein grober Überblick über die einzelnen Aufgaben gegeben.

Inhalt

- Muster an Quadraten erforschen
- Mit Quadraten puzzeln

Technischer Hinweis

Wenn man die Lernumgebung zur Briefmarke von der Übersichtsseite über alle Lernumgebungen aus startet, kann es vorkommen, dass der Rechner nachfragt, wohin die Datei „Briefmarke.exe" gespeichert werden soll. Wählen Sie einen Speicherort aus und rufen Sie anschließend diese Datei an dem von Ihnen gewählten Ort auf.

Aufgabe 1

Einen Zugang finden

Zunächst werden die Schüler aufgefordert, das Vierecksmuster auf der Briefmarke mit eigenen Worten zu beschreiben, es in ihr Lerntagebuch zu übertragen und eine passende Überschrift dazu zu erfinden. Dadurch gewinnen sie einen ersten Zugang zu dieser geometrischen Figur.

1

- Beschreibe das Vierecksmuster auf der Marke mit eigenen Worten!
- Versuche, das Vierecksmuster in dein Lerntagebuch zu übertragen, und erfinde eine passende Überschrift dazu!

Aufgabe 2

Zusammenhänge entdecken

Die Schüler müssen das Vierecksmuster genauer analysieren und insbesondere Zusammenhänge zwischen den Seitenlängen der Quadrate entdecken. Dazu stehen Lösungstipps in abgestufter Form zur Verfügung.
Des Weiteren wird ein Arbeitsblatt angeboten, auf dem die Briefmarke und das Vierecksmuster abgebildet sind und das die Aufträge aus den Aufgaben 1 – 3 enthält.

2

Auf der Briefmarke befinden sich elf Quadrate.
Damit sich eine geschlossene Figur ergibt, müssen die Quadrate „zusammenpassen“.

- Stelle Zusammenhänge zwischen den Seitenlängen der Quadrate auf!
- Wenn du einige Seitenlängen kennst, kannst du andere daraus berechnen. Wie viele Seitenlängen würden dir genügen, um daraus alle Quadratseiten zu bestimmen?

3

Nimm an, die Briefmarke ist so weit vergrößert, dass das kleinste Quadrat die Seitenlänge 9 mm hat.
Berechne daraus die Seitenlängen aller anderen Quadrate und der Gesamtfigur!
Info: Der Wert 9 mm ist willkürlich gewählt. Man könnte auch von jeder anderen Zahl ausgehen. Er sorgt allerdings dafür, dass die Ergebnisse ganzzahlig sind.

4

Briefmarke variieren

Bewege mit der Maus die markierten Punkte und beobachte, wie sich die Figur dabei verändert!
Beschreibe deine Beobachtungen in deinem Lerntagebuch und stelle einen Bezug zu deinen Überlegungen aus den Aufgaben 2 und 3 her.

Aufgabe 3

Eine Seitenlänge bestimmt alle anderen

Die Schüler erhalten gestufte Lösungstipps: Nach Lösung der Aufgabe 2 müssen zunächst die Seitenlängen des zweit- und des drittkleinsten Quadrates bestimmt werden, hierzu werden sie mit Variablen (a und b) bezeichnet. In der Gesamtfigur sind jeweils gegenüberliegende Seiten gleich lang. Dies führt auf zwei Gleichungen für a und b, die es erlauben, diese Variablen und damit alle Quadratseiten zu bestimmen.

Aufgabe 4

Visualisierung mit dynamischer Mathematik

Sollen die einzelnen Quadrate des Vierecksmusters „zusammenpassen", ergeben sich die Seitenlängen aller Quadrate aus der des kleinsten Quadrats. In einem dynamischen Arbeitsblatt werden diese Zusammenhänge anhand einer GEONExT-Konstruktion verdeutlicht. Es wird im jeweiligen Internet-Browser geöffnet.

Aufgabe 5

Die Ideen auf ein anderes Muster übertragen

Die Schüler können ihre bisherigen Ideen und ihr Vorgehen auf ein ähnliches Vierecksmuster übertragen, das aus neun Quadraten besteht. Hierzu stehen ihnen differenzierte Hilfen zur Verfügung.
Die mathematischen Zusammenhänge sind im Vergleich zu den Aufgaben 1–4 allerdings etwas einfacher. Zur Bestimmung aller Längen aus der Seitenlänge des kleinsten Quadrats genügt eine einzige Variable; ein Gleichungssystem wird nicht benötigt.
Auch zu dieser Aufgabe wird ein Arbeitsblatt angeboten.

Aufgabe 6

Visualisierung mit dynamischer Mathematik

Die Zusammenhänge im Neun-Quadrate-Muster werden mit einer dynamischen Konstruktion verdeutlicht. Das dynamische Arbeitsblatt ist analog zu dem aus Aufgabe 4 gestaltet.

5

Übertrage dein Vorgehen, mit dem du die Briefmarke untersucht hast, auf die nebenstehende Figur. Es handelt sich um ein Rechteck, das aus neun Quadraten mit unterschiedlichen Seitenlängen zusammengesetzt ist.

- Beschreibe das Muster mit eigenen Worten.
- Versuche, die Figur in dein Lerntagebuch zu zeichnen, und erfinde eine passende Überschrift dazu.
- Stelle Beziehungen zwischen den Seitenlängen der Quadrate auf.
- Wie viele Seitenlängen würden dir genügen, um daraus alle Quadratseiten zu berechnen?
- Um die Größe der einzelnen Quadrate zu bestimmen, kannst du dich etwa für einen der folgenden Wege entscheiden:
  - Wähle für die Seitenlänge des kleinsten Quadrats einen willkürlichen Zahlenwert und berechne daraus die Seitenlängen aller anderen Quadrate!
  - Bezeichne die Seitenlänge des kleinsten Quadrats mit einer Variablen und drücke alle anderen Seitenlängen mit dieser Variablen aus!
- In welchem Verhältnis stehen die Seitenlängen der Gesamtfigur?

7

Hinter dem Hauptmotiv der Briefmarke sowie den Aufgaben dieser Lernumgebung stehen die beiden Fragen:

- Lässt sich jedes Rechteck in voneinander verschiedene Quadrate zerlegen?
- Können voneinander verschiedene Quadrate so zusammengefügt werden, dass sie ein Rechteck bilden?

Begründe, dass jede derartige Figur die folgenden Eigenschaften haben muss:

- Das kleinste Quadrat kann nicht am Rand des Rechtecks liegen.
- Das zweitkleinste Quadrat kann sich ebenfalls nicht am Rand befinden.
- Das kleinste Quadrat grenzt an genau vier größere an.
- Das größte Quadrat muss am Rand liegen.

Aufgabe 7

Allgemeine Eigenschaften

Nachdem die Schüler die beiden konkreten Vierecksmuster erforscht haben, können sie sich nun den zu Grunde liegenden Problemen, ein Rechteck in voneinander verschiedene Quadrate zu zerlegen bzw. voneinander verschiedene Quadrate zu einem Rechteck zusammenzufügen, allgemein zuwenden. Es lassen sich einige Eigenschaften begründen, die jede derartige Rechteckszerlegung bzw. jedes solche Puzzle aus Quadraten haben muss.

Die Schüler erhalten den Tipp, Beweise durch Widerspruch zu führen: Man nimmt an, dass die Eigenschaften nicht zutreffen, und begründet durch geometrische Überlegungen, dass es eine solche Rechteckszerlegung bzw. ein derartiges Quadratepuzzle nicht geben kann.

War bei den Aufgaben 1 – 6 die Anordnung der Quadrate im Vierecksmuster jeweils vorgegeben, müssen die Schüler diese Anordnung in den folgenden Aufgaben selbst finden.

Aufgabe 8

Eine Rechteckszerlegung selbst finden

Ausgangspunkt ist ein Rechteck. Die Schüler erhalten den Auftrag, ein solches mit den Seitenlängen 32 und 33 Kästchen in ihr Lerntagebuch zu zeichnen und hierzu eine vollständige Zerlegung in neun voneinander verschiedene Quadrate zu finden. Dabei erweisen sich die allgemeinen Resultate aus Aufgabe 7 als sehr hilfreich.

8

- Zeichne ein Rechteck mit den Seitenlängen 32 und 33. (Es ist zweckmäßig, als Einheit eine Kästchenlänge auf kariertem Papier zu wählen.)
- Zeichne eine vollständige Zerlegung dieses Rechtecks in neun Quadrate mit jeweils unterschiedlichen, ganzzahligen Seitenlängen!

Aufgabe 9

Ein Puzzle aus Papierquadraten

Nun dienen elf Quadrate vorgegebener Größe, die die Schüler aus Papier ausschneiden, als Ausgangspunkt. Wie bei einem Puzzle sind die Quadrate so aneinander zu legen, dass sie zusammen ein Rechteck bilden. Auch hierzu sind die allgemeinen Ergebnisse aus Aufgabe 7 nützlich.

9

- Schneide aus festem Papier elf Quadrate mit folgenden Seitenlängen aus:

1,4 cm	2 cm	5,2 cm	6,6 cm	8 cm	9,4 cm
11,4 cm	11,8 cm	13,4 cm	15,4 cm	17 cm	

- Du erhältst ein Puzzle: Lege die Quadrate so aneinander, dass ein Rechteck entsteht!

10

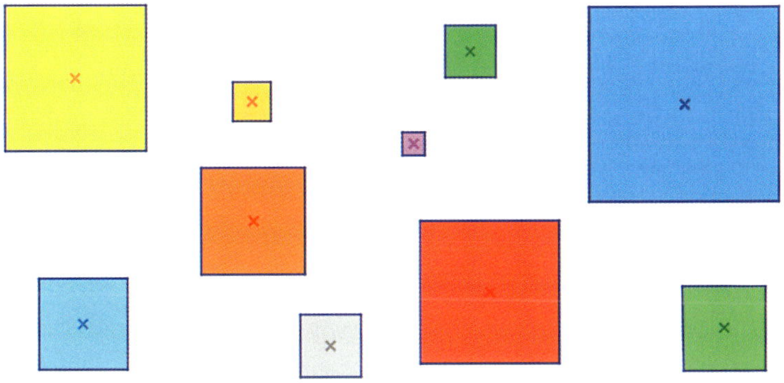

Ein Puzzle aus Quadraten

Schiebe die Quadrate so nebeneinander,
dass sie zusammen ein Rechteck bilden!
An ihren Mittelpunkten kannst du sie jeweils bewegen.

11

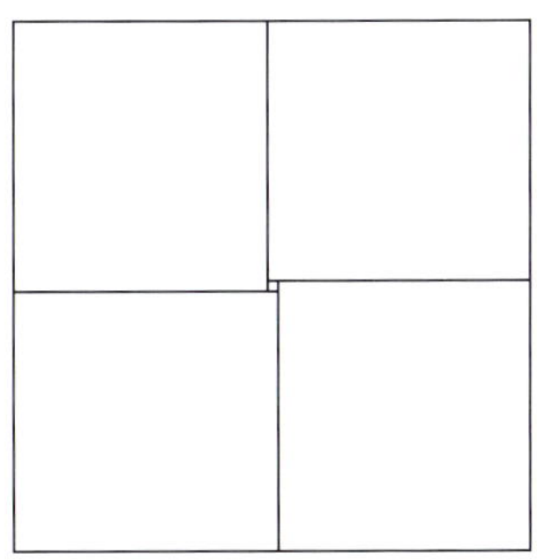

Ein besonderes Puzzle

Oben siehst du fünf Quadrate, die zusammen ein Rechteck bilden.

Doch Vorsicht! Hier wurde gemogelt!
Finde heraus, wo gemogelt wurde, und begründe, dass es solch ein Quadratepuzzle nicht geben kann!

Aufgabe 10

Ein Puzzle am Bildschirm

Das Puzzeln mit Quadraten lässt sich mit dynamischer Mathematik auch am Bildschirm realisieren. In einem dynamischen Arbeitsblatt können die Schüler 10 Quadrate verschieben und diese dadurch zu einem Rechteck zusammenfügen – eine nicht sehr leichte Aufgabe!

Aufgabe 11

Ein Mogelpuzzle

Nicht jedes Bild, das aussieht wie ein Muster aus Quadraten, zeigt tatsächlich ein solches! Die Schüler sollen herausfinden, wo in der dargestellten Figur gemogelt wurde.
Ein möglicher Argumentationsweg: Das Quadrat links unten ist kleiner als das rechts unten. Dieses ist wiederum kleiner als das Quadrat rechts oben. ... Nach vier Schritten erhält man einen Widerspruch. Die Annahme, dass es sich um Quadrate handelt, muss also falsch sein. Tatsächlich sind es Rechtecke, aber keine Quadrate.

Aufgabe 12

Der Schritt ins Dreidimensionale

Die bisherigen Aufgaben befassten sich mit den Problemen:

- Zerlegung eines Rechtecks
  Lässt sich jedes Rechteck in voneinander verschiedene Quadrate zerlegen?
- Puzzle aus Quadraten
  Können voneinander verschiedene Quadrate so zusammengefügt werden, dass sie ein Rechteck bilden?

Zunächst erhalten die Schüler den Auftrag, entsprechende Probleme für räumliche Körper zu formulieren.
Aufbauend auf die Ergebnisse aus Aufgabe 7 können die Schüler (mit Hilfestellungen in der Lernumgebung) begründen, dass es derartige Quaderzerlegungen bzw. Würfelpuzzle im Dreidimensionalen prinzipiell nicht geben kann. Hierbei ist räumliches Vorstellungsvermögen gefragt!

12

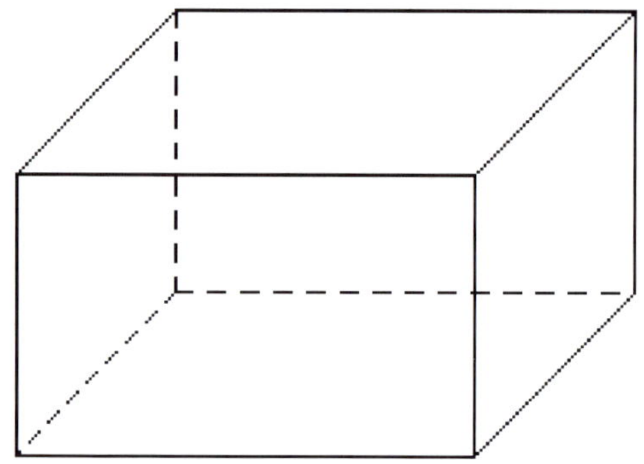

Zerlegung eines Quaders

Lässt sich ein Quader vollständig in voneinander verschiedene Würfel zerlegen?

3D-Puzzle aus Würfeln

Lassen sich voneinander verschiedene Würfel zu einem Quader zusammensetzen?

Versuche, dir solch eine Quaderzerlegung bzw. solch ein Würfelpuzzle vorzustellen, und begründe, dass so etwas nicht existieren kann!

Installation Dynamische Arbeitsblätter Mathematik

1. Legen Sie die CD-ROM „Dynamische Arbeitsblätter Mathematik“ in das CD-ROM-Laufwerk ihres Computers ein.

2. Die CD-ROM startet automatisch mit folgender Anzeige:

Ist auf Ihrem Computer der Autostart deaktiviert, so müssen Sie im Windows-Explorer die CD-ROM manuell starten.

3. Klicken Sie anschließend auf **Installieren**. Die Lernumgebungen werden dabei auf Ihren Computer kopiert.

4. Folgen Sie den Anweisungen des Setup-Assistenten:

5. Im Laufe des Installationsprozesses werden Sie aufgefordert, eine Seriennummer einzugeben:

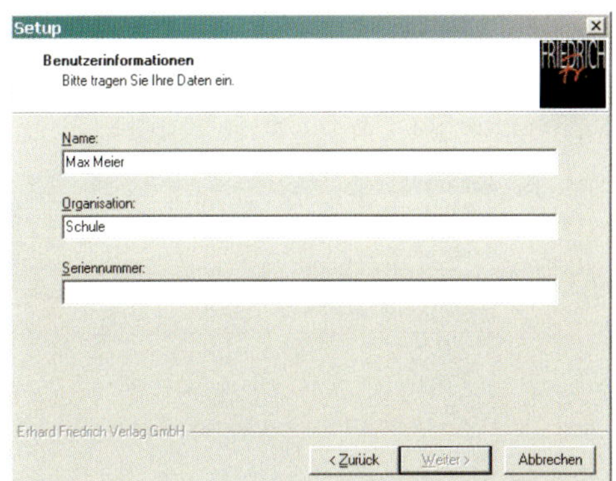

Die Seriennummer finden Sie auf der Hülle der CD-ROM. Beachten Sie dabei Groß- und Kleinschreibung.

6. Das Installationsverzeichnis darf keine Sonderzeichen enthalten:

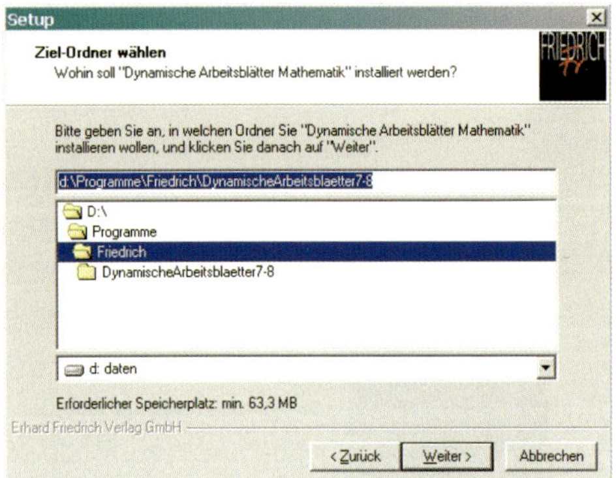

7. Nachdem Sie alle Einstellungen vorgenommen haben, beginnt der Setup-Assistent mit der Installation.

8. Während der Installation wird geprüft, ob auf Ihrem Computer Java 2 installiert ist. Liegt die richtige Version vor, können Sie mit Schritt 9 fortfahren. Andernfalls lesen Sie bitte im Abschnitt „Java-Installation“ weiter.

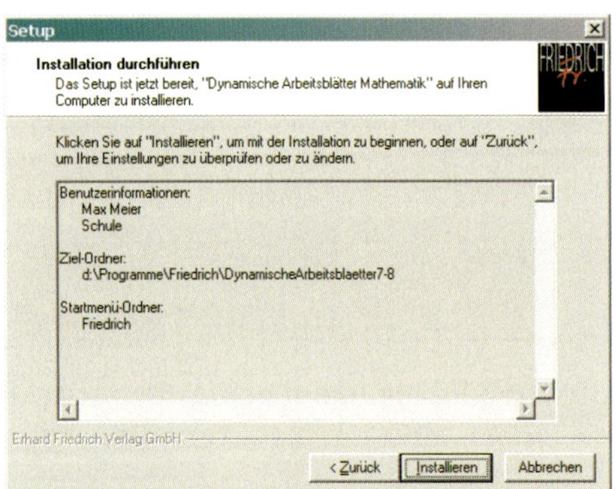

9. Beenden Sie die Installation mit einem Mausklick auf **Fertigstellen**. Ihr Computer wird anschließend neu gestartet.

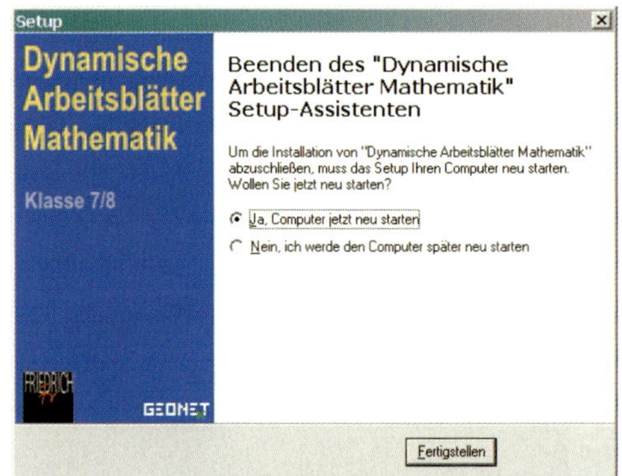

Hinweis

Zum Betrachten und Ausdrucken der Ergebnisblätter ist der Adobe Reader (bzw. Acrobat Reader) erforderlich. Dieser kann von der CD-ROM aus installiert werden.

Java-Installation

1. Der Setup-Assistent der Java-Installation startet mit folgendem Bildschirm:

2. Folgen Sie den Anweisungen des Setup-Assistenten und wählen Sie die Standardinstallation:

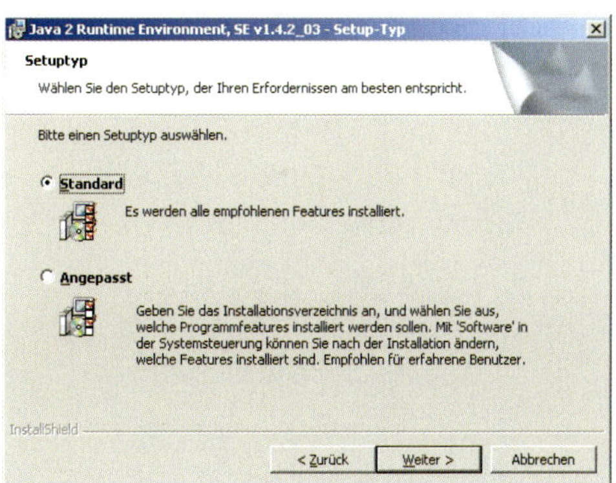

3. Aktivieren Sie das Browser-Plug-In für Ihren Browser.

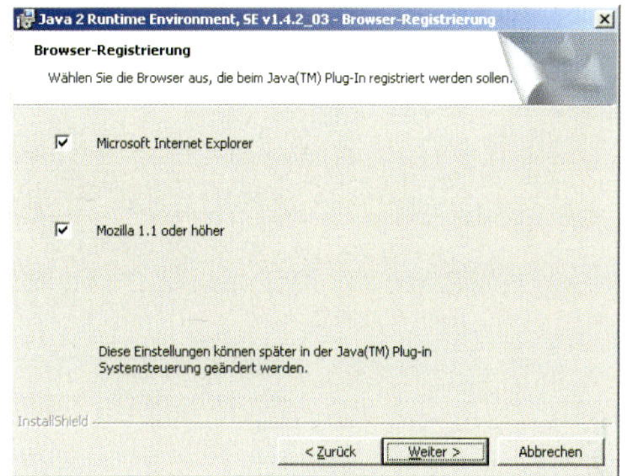

4. Beenden Sie anschließend die Java-Installation.

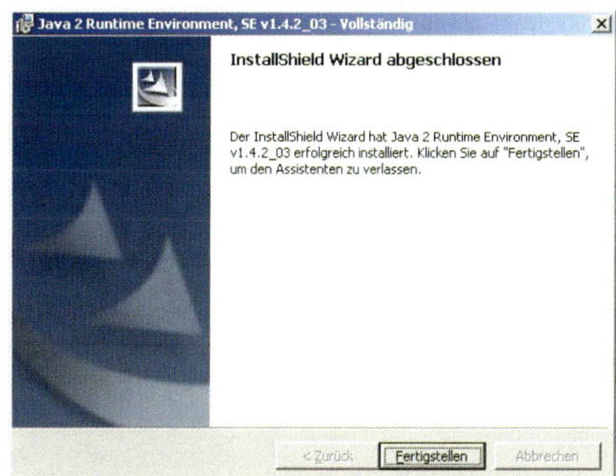

5. Es erscheint der Hinweis:

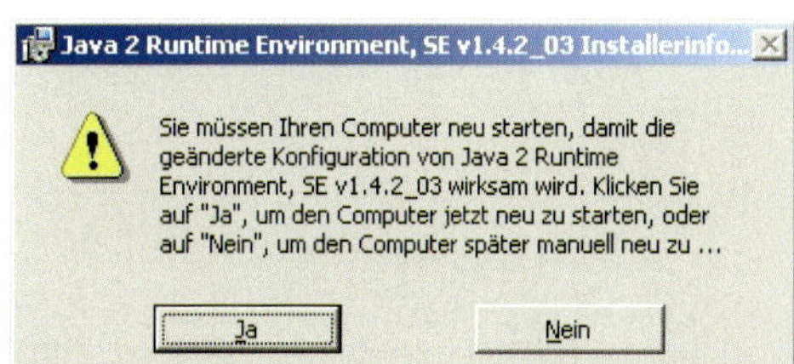

Wählen Sie **Nein** und fahren Sie mit dem Setup-Assistenten der Lernumgebungen fort (Schritt 9, vgl. S. 142).

Starten der Lernumgebung

Entweder erscheint beim Einlegen der CD-ROM ein automatischer Startbildschirm oder Sie finden im Windows-Startmenü unter Programme/Friedrich/Mathematik Klasse 7-8 die einzelnen Lernumgebungen.

Beim ersten Aufruf einer Lernumgebung mit GEONExT-Abbildung erscheint folgender Hinweis, der die Herkunft von GEONExT angibt:

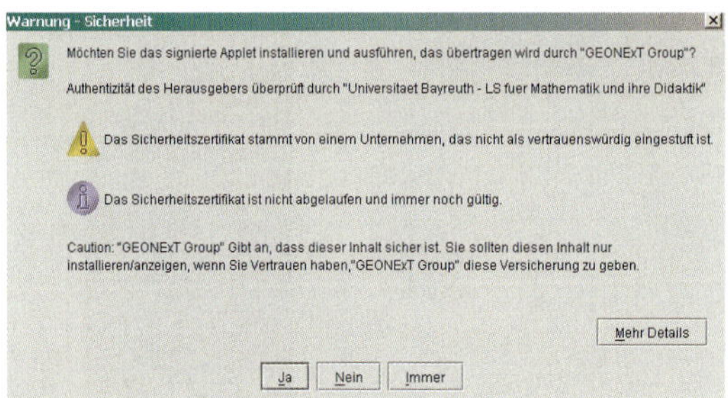

Bestätigen Sie mit **Immer**, dann erscheint dieser Hinweis nicht mehr. Wählen Sie **Ja**, so erscheint der Hinweis beim nächsten Start einer Lernumgebung wieder.